Feng Liu

Objektverfolgung durch Fusion von Radar- und Monokameradaten auf Merkmalsebene für zukünftige Fahrerassistenzsysteme

Objektverfolgung durch Fusion von Radar- und Monokameradaten auf Merkmalsebene für zukünftige Fahrerassistenzsysteme

von
Feng Liu

Dissertation, Karlsruher Institut für Technologie
Fakultät für Maschinenbau,
Tag der mündlichen Prüfung: 16.12.2009
Referent: Prof. Dr.-Ing. C. Stiller
Korreferent: Prof. Dr.-Ing. habil. P. Knoll

Impressum

Karlsruher Institut für Technologie (KIT)
KIT Scientific Publishing
Straße am Forum 2
D-76131 Karlsruhe
www.ksp.kit.edu

KIT – Universität des Landes Baden-Württemberg und nationales
Forschungszentrum in der Helmholtz-Gemeinschaft

KIT Scientific Publishing 2010
Print on Demand

ISBN 978-3-86644-577-2

Vorwort

Die vorliegende Dissertation entstand im Rahmen meiner Doktorandentätigkeit in der Abteilung für Fahrerassistenzsysteme der Robert Bosch GmbH in Leonberg. Herrn Prof. Dr.-Ing. Christoph Stiller danke ich für die wissenschaftliche Betreuung meiner Arbeit, die Förderung dieser Arbeit und den mir eingeräumten Freiraum.

Herrn Prof. Dr.-Ing. habil. Peter M. Knoll danke ich für die Übernahme des Korreferats und das freundliche Interesse an meiner Arbeit.

Mein besonderer Dank gilt Herrn Dr.-Ing. Jan Sparbert für die Unterstützung dieser Arbeit durch viele konstruktive Anregungen in unzähligen interessanten Diskussionen und für die sorgfältige Durchsicht des Manuskripts.

Auch meinen Kollegen von der Funktionsentwicklung für Fahrerassistenzsysteme in der Robert Bosch GmbH danke ich herzlich für die hervorragende Zusammenarbeit und die angenehme Arbeitsatmosphäre.

Für die Ermöglichung dieser Arbeit und Unterstützung in allen Belangen der Verwaltung und Organisation danke ich meinen Vorgesetzten in der Robert Bosch GmbH.

Herrn Wilhelm Blumendeller und Herrn Dr.-Ing. Jin Cai danke ich herzlich für die mühsame Arbeit des Korrekturlesens, für Motivation und für die Unterstützung bei der Vorbereitung der mündlichen Prüfung.

Zu guter Letzt danke ich ganz herzlich meiner Frau Xiaoyi für die Unterstützung. Ohne die hätte diese Dissertation nicht gelingen können.

Kornwestheim, im August 2010 Feng Liu

für Anja Xiaoya

Kurzfassung

Zukünftige Fahrerassistenzsysteme verfolgen die Vision, ein stressfreies und unfallfreies Autofahren zu ermöglichen. Dafür muss die von Sensoren erfasste Umfeldinformation, insbesondere die Information über andere Teilnehmer auf Straßen, zu einer korrekten Wahrnehmung der Fahrerassistenzsysteme verarbeitet werden. Diese wichtige Aufgabe übernimmt die Objektverfolgung. Eine zuverlässige Objektverfolgung ist die Grundlage einer umfangreichen Funktionalität der Fahrerassistenzsysteme. Die in aktuellen Fahrerassistenzsystemen eingesetzten Sensoren können allein stehend jedoch nicht die Objektinformation liefern, die notwendig ist, um die Anforderungen an die Objektverfolgung hinsichtlich Präzision und Größe des Erfassungsbereichs zu erfüllen.

Die vorliegende Arbeit beschreibt eine neuartige Objektverfolgung durch Fusion von Radar- und Monokameradaten auf Merkmalsebene. Diese Merkmale sind beim Radar der gemessene Radialabstand, die gemessene Radialgeschwindigkeit und der grob geschätzte Lateralwinkel eines Objekts vor dem Radar. Bei der Monokamera sind es der gemessene Lateralwinkel und die gemessene Breite eines Objekts im Bild. Da diese Merkmale durch das Messverfahren bedingt verrauscht sind, werden in dieser Arbeit zuerst statistische Fehlermodelle der beiden Sensoren analysiert und nachgebildet. Weiterhin wird ein fahrzeugfestes, globales Koordinatensystem hergeleitet, um die Bewegung eines Objekts im Fahrzeugumfeld optimal zu beschreiben. Dieses wird mit existierenden Koordinatensystemen hinsichtlich der Performanz und der Eignung für eine Implementierung in einem Kfz-Steuergerät bewertet. Anschließend wird ein neues Assoziationsverfahren auf Basis der *Probabilistic Data Association* (PDA)-Methodik untersucht. Mit dem Verfahren wird die vom Radar wahrgenommene räumliche Information eines Objekts zusammen mit der von der Monokamera wahrgenommenen optischen Information diesem Objekt korrekt zugeordnet. Allerdings lässt sich die schnell veränderliche Objektdynamik auf einer realen Straße nicht durch ein einfaches *Probabilistic Data Association Filter* (PDAF) beschreiben. Daher werden in dieser Arbeit zwei Bewegungsmodelle in einem *Interacting Multiple Model Filter* (IMMF) mit einer vollständigen, adaptiven Modellierung der Objektdynamik in Längs- und Querrichtung verknüpft. Schließlich wird die Thematik Objektklassifikation sowie Gassenbreiteschätzung zwischen zwei Objekten, die für eine zuverlässige Kollisionserkennung eine große Bedeutung hat, beleuchtet.

Die vorgestellte Objektverfolgung wurde in ein Versuchsfahrzeug integriert und kann in Echtzeit die im System geschätzte Position und Ausdehnung eines Objekts auf einem im Fahrzeug angebrachten Monitor demonstrieren. Die Testergebnisse vom Testplatz und auf realen Straßen belegen, dass die neu entwickelte Objektverfolgung einen wichtigen Beitrag liefert, um die hohen Anforderungen zukünftiger Fahrerassistenzsysteme in realen Verkehrssituationen erfüllen zu können.

Schlagworte: Objektverfolgung – Fahrerassistenzsysteme – Merkmalsfusion – Radar – Monokamera – adaptives Filter – Interacting Multiple Model

Abstract

Future driver assistance systems pursue the vision of making it possible to drive free of stress and without accidents. Therefore the environment information collected by sensors, particularly the information about other participants on streets and obstacles close to the road side, must be processed for a correct interpretation of the driver assistance systems. Object tracking takes over this important task. A reliable object tracking is the basis for extensive functions of the driver assistance systems. To fulfill the requirements of the object tracking with regard to precision and the size of the field of view, only a multiple sensor system can provide sufficient object information.

The present work describes a new object tracking by fusion of data coming from a radar sensor and mono camera at feature level. Regarding the radar sensor, preprocessed features are the radial distance, measured radial velocity and roughly estimated lateral angle of an object in front of the radar. With the mono camera the preprocessed features are the lateral angle and measured width of an object in the camera image. During the measurement procedure these features are interfered by several noises. Therefore statistical error models of both sensors are analyzed and simulated. Furthermore a vehicle-fixed, global coordinate system is derived to describe the movement of an object in the vehicle environment optimally. This is evaluated with existing coordinate systems with regard to the performance and the applicability in an electronic control unit. Afterwards a new association method is developed on the basis of *Probabilistic Data Association* (PDA). With this method both the spatial information collected by the radar and the optical information gained by the mono camera is matched to this object correctly. Since the object dynamics on real streets are quickly changing, it cannot be described by a simple PDA filter. Therefore, two dynamic models are combined together in this work in a *Interacting multiple model filter* (IMMF) with an adaptive modeling of the object dynamics in the longitudinal direction and the lateral direction. Finally, object classification as well as estimation of the gap width between obstacles is researched which has quite an importance for reliable collision detection.

The presented object tracking was integrated into a test vehicle and can demonstrate the appropriate estimation of position and dimension of an object. The results from experiments on a test area and on real streets prove that the developed object tracking does an important contribution to fulfill the high requirements of future driver assistance systems in real traffic situations.

Keywords: Object tracking – driver assistance system – sensor data fusion at feature level – radar – mono camera – adaptive filter – Interacting Multiple Model

Inhaltsverzeichnis

Symbolverzeichnis

Abkürzungen

AA	Auction Algorithm
ACC	Adaptive Cruise Control
AOI	Area of Interest
APS	Active Pixel Sensor
CA	Constant Acceleration Model
CCD	Charge-coupled Device
CJPDA	Cheap Joint Probabilistic Data Association
CT	Coordinate Turn Model
CV	Constant Velocity Model
CW	Collision Warning
DSP	Digital Signal Processing
DSV	Digital-Signal-Verarbeitung
EKF	Extended Kalman Filter
ESP	Elektronisches Stabilitätsprogramm
FAS	Fahrerassistenzsysteme
FMCW	Frequency Modulated Continuous Wave
GNN	Global Nearst Neighbor
IMMF	Interacting Multiple Model Filter
JPDA	Joint Probabilistic Data Association
KF	Kalman Filter
KOS	Koordinatensystem
LRR	Long Rang Radar
MHT	Multiple Hypothesis Tracking
MMSE	Minimum Mean Square Error
NN	Nearst Neighbor
PDA	Probabilistic Data Association
PF	Partikel-Filter

PMF	Probability Mass Function
PSS	Predictive Safty System
Radar	Radio Dection and Ranging
SG-KOS	semi-globales Koordinatensystem
SIR	Sampling Importance Resampling
UKF	Unscented Kalman Filter

Symbole

$\hat{x}$	Schätzwert von x
$\overline{x}$	empirischer Mittelwert von x
$\boldsymbol{x}^{\mathrm{T}}$	Transposition des Vektors $\boldsymbol{x}$
$\dot{x}$	Ableitung von x
$\propto$	Proportionalität
$\mapsto$	Abbildung
$:=$	Definition
Φ	leere Menge
$\vert . \vert$	Mächtigkeit einer Menge, Betrag einer komplexen Zahl
$\Vert . \Vert$	Euklidische Norm
$\angle\{.\}$	Phase einer komplexen Zahl
∇	Nabla-Operator
$*$	Faltungsoperator
$**$	Faltungsoperator (zweidimensional)
$\circledast$	Korrelationsoperator
$\circledast_{x}$	Korrelation in Koordinatenrichtung x
$\oplus$	morphologische Dilatation
$\ominus$	morphologische Erosion
$\circ$	morphologische Öffnung
$\bullet$	morphologische Schließung
$\wedge$	Konjunktion
$\vee$	Disjunktion
$\cup$	Vereinigungsmenge
$\cap$	Schnittmenge
$\arg\{.\}$	Argument einer Funktion

∂	Partielableitung
e	Eulersche Konstante
$\boldsymbol{e}$	Einheitsvektor
$\mathrm{E}\{.\}$	Erwartungswert
$f(.)$	allgemeine Funktion, Verteilungsdichtefunktion
$\boldsymbol{f} = (f_\mathrm{x}, f_\mathrm{y})^\mathrm{T}$	Ortsfrequenzvektor
$\mathcal{F}\{.\}$	Fourier-Transformation
$\boldsymbol{I}$	Einheitsmatrix
$s^2(x) = \mathrm{var}\{x\}$	empirische Varianz von x
$\delta(x)$	Diracsche Delta-Distribution
δ_a^b	Kronecker-Symbol
ε	kleine Konstante
$\boldsymbol{\xi} = (\xi, \eta)^\mathrm{T}$	Ortsvektor

1 Einleitung

1.1 Fahrerassistenzsysteme

Fahrerassistenzsysteme (FAS) sind heutzutage nicht mehr vom Autofahren wegzudenken. Egal, ob es um jeden Zentimeter beim Parken in der Stadt oder um einen adaptiv angepassten Mindestabstand bis 250 Meter auf der Autobahn geht, unterstützten FAS den Fahrer diese Aufgaben souverän und stressfrei zu meistern. Außerdem kümmern sich FAS für den Fahrer immer stärker um das Thema Fahrsicherheit. Dabei lassen sich FAS in zwei Gruppen, passive und aktive Sicherheitssysteme, unterteilen.

Die passiven Sicherheitssysteme wurden konzipiert, um Unfallfolgen, vor allem die Häufigkeit des Unfalltods, deutlich zu reduzieren. Mit der Markteinführung von Airbag, Seitenaufprallschutz und Gurtstraffer haben die passiven Sicherheitssysteme viel zur Minderung der Verkehrstoten beigetragen. Allerdings ist die Vision von einem unfallfreien Autofahren weiterhin ein noch nicht erreichtes Ziel von hohem gesellschaftlichem Stellenwert. Dafür müssen Systeme, die nicht nur auf eine kritische Situation reagieren, sondern eingreifen, bevor es zu dieser kommt, entwickelt werden. Die aktiven Sicherheitssysteme sind genau nach dieser Zielvorgabe konzipiert. Angefangen mit dem Fokus auf dem eigenen Fahrzeug[1] wurden Systeme wie das Antiblockiersystem (ABS), das Elektronische-Stabilitätsprogramm (ESP) sowie der Bremsassistent entwickelt. Beim ABS wird der Bremsschlupf bei einer starken Bremsung geregelt, damit das Blockieren der Räder insbesondere auf nasser oder schmutziger Fahrbahn verhindert wird und das Fahrzeug somit während des Bremsmanövers lenkbar bleibt. Das ESP wurde 1995 erstmals von der Robert Bosch GmbH für die Mercedes S-Klasse zum Verhindern des Schleuderns auf dem Markt eingeführt. Dabei bremst das ESP gezielt einzelne Räder im Grenzbereich und verhindert sowohl das Übersteuern als auch das Untersteuern des Fahrzeugs. Der Bremsassistent hilft dem Autofahrer vor allem bei einer Notbremsung dadurch, dass die Funktion die Bremskraft des Fahrers situationsabhängig verstärkt und somit der für die Bremsung notwendige Bremsdruck in kürzester Zeit erreicht werden kann.

---

[1] Mit dem Begriff Eigenfahrzeug wird in Zukunft das Fahrzeug bezeichnet, in dem die Sicherheitssysteme eingebaut sind.

Dadurch wird der Bremsweg erheblich verkürzt, und die Auffahrgefahr wird
verringert.

Die Weiterentwicklung der aktiven Sicherheitssysteme führt von der Betrachtung des eigenen Fahrzeugs zur Analyse der gesamten Verkehrssituation. Dabei fokussiert sich die *Adaptive Cruise Control* (ACC)-Funktion auf
die Einhaltung des notwendigen Sicherheitsabstands zum unmittelbar vorausfahrenden Auto. Stellt der Fahrer am System seinen gewünschten Sicherheitsabstand und die gewünschte Geschwindigkeit ein, so kontrolliert ACC
den Abstand zwischen dem Eigenfahrzeug und dem Zielfahrzeug, das auf
der gleichen Fahrspur unmittelbar vor dem Eigenfahrzeug fährt. Wird dieser
Abstand kleiner als der eingestellte Sicherheitsabstand, z.B. durch Bremsen
des Zielfahrzeugs, so regelt ACC die Geschwindigkeit des Eigenfahrzeugs,
bis der gewünschte Sicherheitsabstand wieder hergestellt ist. Beschleunigt
das Zielfahrzeug und der aktuelle Abstand übertrifft den Sicherheitsabstand
bzw. Sollabstand, so beschleunigt ACC das Eigenfahrzeug solange, bis die
gewünschte Geschwindigkeit erreicht ist. Mit ACC wird der Fahrer nicht nur
auf langen Autofahrten, wie z.B. auf der Autobahn, entlastet, sondern auch
bei frühzeitiger Reaktion auf eine Auffahrgefahr unterstützt. Die *Predictive
Safty System* (PSS)-Funktion kümmert sich dagegen um die kritischen Situationen. Durch Beobachtung der aktuellen Verkehrssituation erkennt PSS
das aktuelle Gefährdungspotential auf Straßen. Je nach der Kritikalität der
Situation ergreift PSS angemessene Sicherheitsmaßnahmen. Dazu gehören
z.B. akustische oder optische Warnung und eine Betätigung der Gurtstraffer. Wenn der Fahrer trotz dieser Warnungen nicht reagiert, bremst PSS
vollautomatisch das Eigenfahrzeug, um z.B. einen Aufprall zu verhindern
oder zumindest die Unfallfolgen zu reduzieren.

Die aktiven Sicherheitsfunktionen können ihren Dienst nur dann leisten,
wenn die Umfeldinformationen[2] um das Eigenfahrzeug von dem System erfasst und zur Interpretation der Verkehrssituation mit berücksichtigt wird.
Für die Erfassung der Umfeldinformation werden verschiedene Sensoren benötigt. In [Mau05] wurden die Sensoren zur Umfelderfassung mit prakti-
schen Anwendungsbeispielen diskutiert. Im Folgenden wird eine kurze Zusammenfassung einiger weit verbreiteter Sensoren für FAS vorgestellt.

---

[2]Die Umfeldinformationen umfassen Fahrzustände, wie z.B. Position anderer Verkehrsteilnehmer, Straßenlage und Straßenverlauf, im Umfeld des Eigenfahrzeugs.

1.2 Sensorik für Fahrerassistenzsysteme

1.2.1 Radarsensorik

In der Geschichte des Radars[3] gehen die ersten Versuche der Ortung mittels Radiowellen auf Christian Hülsmeyer im Jahr 1904 zurück. Seitdem ist das Radar die wichtigste Technologie zur Messung der Entfernung. Bei einem Radar-System strahlt ein Sender elektromagnetische Wellen ab. Nach dem Auftreffen auf Gegenstände im Umfeld wird diese Welle zurückreflektiert, und sie wird von dem Empfänger des Radar-Systems empfangen. Durch Auswerten des Empfangssignals kann die radiale Entfernung eines Gegenstandes gemessen werden. Zur Modulation der ausgesendeten Welle existieren verschiedene Methoden. Ein Puls-Doppler-Radar sendet kurzzeitig ein impulsförmiges hochfrequentes Signal aus. Die Frequenz des gesendeten Signals bleibt meistens konstant. Danach folgt eine längere Pause, in der die reflektierte Welle empfangen wird. Die Zeitdifferenz zwischen der gesendeten und empfangenen reflektierten Welle entspricht der Laufzeit der Welle in der Luft. Daraus kann die radiale Entfernung direkt berechnet werden. Durch Ausnutzung des Dopplereffekts kann außerdem die radiale relative Geschwindigkeit abgeleitet werden. Anders als das Puls-Doppler-Radar sendet ein FMCW-Radar[4] längere frequenzmodulierte Pulse. Durch Auswertung der Frequenzdifferenz der gesendeten und empfangenen Pulse können ebenfalls die radiale Entfernung und radiale relative Geschwindigkeit abgeleitet werden. Vorteil des FMCW-Radars ist, dass eine Auswertung ohne Empfangspause erfolgt und somit das Messergebnis kontinuierlich zur Verfügung steht. Diese Eigenschaft macht das FMCW-Radar besonders attraktiv für FAS, wo eine möglichst lückenlose Beobachtung des Umfeldes gefordert ist.

Neben den unterschiedlichen Messverfahren ist die Auswahl der Wellenlänge der Pulse ausschlaggebend für die Performanz eines Radar-Systems. Die Auswahl der Wellenlänge ist abhängig von der zu erwartenden Größe, Auflösung, Leistung und Reichweite des Radar-Systems. Je größer die Wellenlänge bzw. je niedriger die Frequenz ist, desto größer muss die Antenne sein. Je kürzer die Wellenlänge ist, desto höher ist die Auflösung der gemessenen Entfernung. Je höher die Frequenz ist, desto kürzer ist die Reichweite des Radar-Systems mit gleicher Leistung im Medium Luft. Da für FAS eine hohe Trennfähigkeit von zwei nahe liegenden Fahrzeugen unabdingbar ist und

---

[3]Radio Detection and Ranging
[4]Frequency Modulated Continuous Wave

eine kleine Reichweite bis 250 m zur Sicherung des minimalen Sicherheitsabstands, z.B. halber Tacho-Abstand von 125 m bei 250 kmh, ausreichend
ist, wird hier vorwiegend die Millimeter-Welle mit einer Frequenz von 77
GHz benutzt. Ein anderer Faktor für die Wahl der Millimeter-Welle ist die
hohe Dämpfung dieser Hochfrequenz-Welle in Luft, vor allem die Dämpfung durch das Sauerstoffmolekül. Sie verhindert ein gegenseitiges Stören
bei dichtem Einsatz solcher Radar-Systeme auf Straßen.

Im Vergleich zu anderen Sensortechniken zeichnen sich Radarsensoren aus
durch ihre hohe Robustheit gegenüber schlechtem Wetter, Verschmutzung
und mechanischem Stoß. Allerdings müssen Nebeneffekte bei Radar-System,
wie z.B. Mehrfachreflektionen, Interferenzen und Nebenkeuleneffekte zuerst
behandelt werden, bevor es in sicherheitsrelevanten FAS eingesetzt wird.

1.2.2　Kamerasensorik

Nach dem Vorbild der menschlichen Augen wurde die Digitalkamera entwickelt. Dabei wird das Licht analog zur Netzhaut der Augen von licht-
empfindlichen Bildsensoren (sog. Pixel) der Digitalkamera empfangen. Diese Bildsensoren wandeln die Lichtinformation in elektrische Signale um und
stellen dadurch die Basis für die nachfolgende digitale Bildverarbeitung bereit.

Der erste kommerzielle und bis heute noch weit genutzte Bildsensor ist der
Charge-coupled Device (CCD)- Bildsensor. Das CCD wurde im Jahr 1969
von Willard Boyle und George E. Smith in den Bell Laboratories erfunden
und arbeitet als ein analoges Schieberegister. Durch Belichtung der licht-
empfindlichen Halbleiter-Materialien wie Silizium und Germanium eines
CCD-Bildsensors bauen sich elektrische Ladungen in dem CCD-Bildsensor
auf. Die gesammelten elektrischen Ladungen werden dann wie auf einem
Förderband von einem CCD-Bildsensor zu einem anderen CCD-Bildsensor
bis auf den Ausleseverstärker übertragen und bilden dort eine der Lichtmenge proportionale elektrische Spannung. Deshalb ist das Auslesen der
Information einzelner CCD-Bildsensoren ein serieller Mechanismus, obwohl
die CCD-Bildsensoren gleichzeitig belichtet werden.

Ein anderer verbreiteter Bildsensor ist der *Active Pixel Sensor* (APS),
der auf Basis der CMOS-Technologie gebaut und deshalb oft als CMOS-
Bildsensor bezeichnet wird. Anders als beim CCD-Bildsensor wandelt jedes Pixel der CMOS-Bildsensoren die Lichtmenge direkt in eine elektrische
Spannung um. Das ermöglicht ein paralleles Auslesen der Information einzelner Pixel und ist deshalb wesentlich schneller als beim CCD-Bildsensor. Ein

anderer Vorteil vom CMOS-Bildsensor gegenüber dem CCD-Bildsensor ist das hohe Erweiterungspotential, dadurch dass auf jedem CMOS-Pixel weitere Funktionen, wie Belichtungsanpassung, Kontrastkorrektur und Digital-Analog-Wandlung, integriert werden können. Mit oben genannter Charakteristik verfügt der CMOS-Bildsensor über eine höhere Dynamik, was die Bildqualität bei Gegenlicht und Helligkeitswechsel, wie z.B. bei der Tunnelausfahrt, deutlich gegenüber dem CCD-Bildsensor verbessert.

In den Kamerabildern sind fast alle notwendigen Umfeld-Informationen zum Autofahren enthalten. Je nach Funktionen der FAS werden unterschiedliche Informationen der Bilder ausgewertet. Für einen Spurhalteassistent werden die Fahrbahnlinien aufgrund ihres Intensitätskontrastes zur Fahrbahnoberfläche aus Bildern extrahiert. Für Adaptive Cruise Control (ACC) und Collision Warning (CW) haben außer den Fahrbahnlinien Objektinformationen[5], wie z.B. Position, Größe und Objekttyp, eine hohe Bedeutung. Diese Informationen lassen sich entweder durch Analyse statischer Merkmale mit Mustererkennungsmethode oder durch zeitliche Verfolgung von Merkmalen in der Bildsequenz gewinnen. Für die Erkennung von Verkehrszeichen und Lichtzeichen wie Ampeln wird neben der Intensität oft auch die Farbinformation benötigt. Dazu werden z.B. farbempfindliche Pixel für die Farben Rot, Grün und Gelb eingesetzt.

In FAS werden Monokamera- oder Stereokamera-Systeme eingesetzt. Beim Monokamera-System wird eine einzige Kamera, die in der Regel mittig hinter der Windschutzscheibe verbaut wird, zum Einsatz gebracht. Aus den aufgenommenen Bildern können Objekte entweder durch die Mustererkennung oder aus ihren Bewegungen detektiert und gleichzeitig klassifiziert werden. Die Entfernung der detektierten Objekte ist nur mit zusätzlichen Modellannahmen, wie z.B. konstanter Objektbreite oder auf einer ebenen Straße über die Erkennung der Hinterkante der Objekte, zu schätzen. Der große Breitenunterschied der Fahrzeuge und die komplexe Straßengeometrie insbesondere in Innenstädten verletzen allerdings solche Modellannahmen, sodass bei der monoskopischen Entfernungsschätzung zuweilen große Schätzfehler auftreten. Das Stereokamera-System ist stärker nach dem Vorbild der menschlichen Augen konzipiert. Dabei werden zwei Kameras nebeneinander hinter der Windschutzscheibe angebracht. Durch gleichzeitige Aufnahme oder Synchronisation der beiden Kameras lässt sich die dreidimensionale Umgebungsgeometrie aus einem Stereobildpaar bestimmen. Durch die Rekonstruktion der Tiefeninformation ist eine modellunabhängige Objekt-

---

[5]Als Objekte werden bei FAS Verkehrsteilnehmer, wie Fahrzeuge, Fußgänger und Motorräder, sowie statische Objekte, wie Pfosten, im Umfeld des Eigenfahrzeugs bezeichnet.

detektion und eine direkte Bestimmung der Entfernung möglich. Eine Herausforderung beim Stereokamera-System liegt in der Online-Kalibrierung der Stereokamera und einer korrekten und genauen Korrespondenzsuche insbesondere bei spiegelnden Flächen oder homogenen Texturen.

Je nach Auflösung und Objektiv variiert der Erfassungsbereich der Kamerasensorik in hohem Maße. Die typischen Werte bei der Nutzung für FAS liegen bei 5-80 m. Im Vergleich zu anderen Sensoren hat die Kamerasensorik eine höhere Winkelauflösung sowohl in lateraler als auch in vertikaler Richtung. Außerdem spielt die direkte Objektklassifikation der Kamerasensorik eine Schlüsselrolle bei FAS. Wie bei allen optischen Systemen hängt die Leistung der Kamerasensorik jedoch stark von der Belichtung bzw. der Umgebung ab. Bei schlechten Wetterbedingungen, wie Gewitter oder Nebel, können die Detektionsrate und die Reichweite der Kamerasensorik drastisch absinken.

1.2.3   Lidarsensorik

Lidar[6] ist eine weitere häufig eingesetzte Technologie zur Abstandsmessung [Spi06]. Bei Lidar werden Laserpulse, deren Wellenlänge für FAS in dem für die Augen nicht sichtbaren nahen Infrarot-Bereich (λ=800...900 nm) liegt, ausgesendet. Ähnlich wie beim Radar wird das von Objekten reflektierte Laserlicht vom Lidarsensor empfangen. Der Abstand berechnet sich dann direkt aus der Laufzeit des Laserlichts. Ein breiter Erfassungsbereich lässt sich hierbei durch die sog. Multibeam-Technologie, bei der mehrere Laserdioden in einer Matrix zusammengestellt sind und jede dieser Laserdioden einem Bereich im Raum erfasst [Hoe06], [Mah06], realisieren. Alternativ kann ein Laserstrahl durch eine mechanisch drehende Optik [Die01], [Fue02] abgelenkt werden.

Ein Vorteil von Lidar ist, dass deren Erfassungsbereich und die Winkelauflösung durch die Auslegung der Laserdioden und der Optik in weiten Bereichen wählbar sind. Ist der Erfassungsbereich groß genug und die Winkelauflösung entsprechend hoch, so ist eine 3D-Erfassung der Umgebung rund um das Eigenfahrzeug möglich. Dies ist insbesondere für autonomes Fahren von großer Bedeutung. Von einer hohen Winkelauflösung profitiert Lidar außerdem auch bei der Objektklassifikation. Bei ausreichend hoher Winkelauflösung können die Außenkanten, wie Seiten- und Hinterkante eines Objekts, von den Laserstrahlen hinreichend abgetastet werden [Fue02]. Daraus lässt sich neben der Objektgröße auch der Objekttyp auslesen [Die01].

---

[6]Light Detection and Ranging

Obwohl Lidar durch aktiv emittierte Laserstrahlung unempfindlich gegenüber der Umgebungsausleuchtung ist als Kamerasensoriken, wird die Reichweite der Lidarsensorik vor allem von den Wassertröpfchen in der Luft, z.B. bei Nebel, Gischt, Schneefall oder Starkregen, negativ beeinflusst. Die Leistung vom Lidar-System wird auch durch Spiegeleffekte und starkes Gegenlicht beeinträchtigt. Außerdem wird die Detektion von Objekten mit lichtabsorbierenden sowie lichtdurchlässigen Materialien problematisch, sodass die Detektionsleistung für derartige Objekte stark herabgesetzt wird.

1.3 Motivation und Zielsetzung

Die zukünftigen Fahrerassistenzsysteme haben die Vision, ein stressfreies und unfallfreies Autofahren zu ermöglichen. Dafür ist die Erfassung der Umfeldinformation von besonderer Bedeutung. Hierzu gehört insbesondere die Information über andere Verkehrsteilnehmer durch verschiedene Sensoren, deren Prinzipien, Stärken und Schwächen im vorherigen Abschnitt zusammengestellt sind.

Die von Sensoren erfassten Informationen beinhalten, durch das Messprinzip bedingt oder auf Grund schlechter Messbedingungen, einen Anteil von Fehlinformationen. Die erfassten physikalischen Signale der Sensoren werden deshalb nach definierten Kriterien, wie z.B. Signalstärke, gefiltert. Dadurch wird nicht nur die Sensorinformation komprimiert und das Rauschen unterdrückt, sondern es geht auch unvermeidlich ein Teil der Bildinformation verloren. Die nach der Filterung der physikalischen Signale noch bleibenden Informationen sind erstens nicht immer hinreichend, um eine komplexe Fahrerassistenzfunktion darauf aufzubauen, zweitens ist der Anteil der Fehlinformation noch zu groß für eine zuverlässige Sicherheitsfunktion. Diese Probleme werden mit Hilfe einer Objektverfolgung (sog. Tracking) behandelt.

Durch Mitnahme des gesamten Vorwissens aus der Vergangenheit (sog. a-priori Information) erweitert die Objektverfolgung einerseits den aktuellen Informationsgehalt erheblich, andererseits ist die Objektverfolgung durch Beobachtung der zeitlichen Entwicklung der Vergangenheit in der Lage, die zeitliche Fortsetzung der aktuellen Situation mit passenden Dynamikmodellen abzuschätzen. Auf dieser Basis kann Fehlinformation, die dieser Fortsetzung widerspricht, aus dem gesamten Informationsgehalt entfernt werden. Am Ende der Objektverfolgung steht damit ein wesentlich vollständigeres Bild der realen Szene für die Fahrerassistenzfunktionen zur Verfügung. Dieses Vorgehen ist nochmals in Abb. 1.1 veranschaulicht.

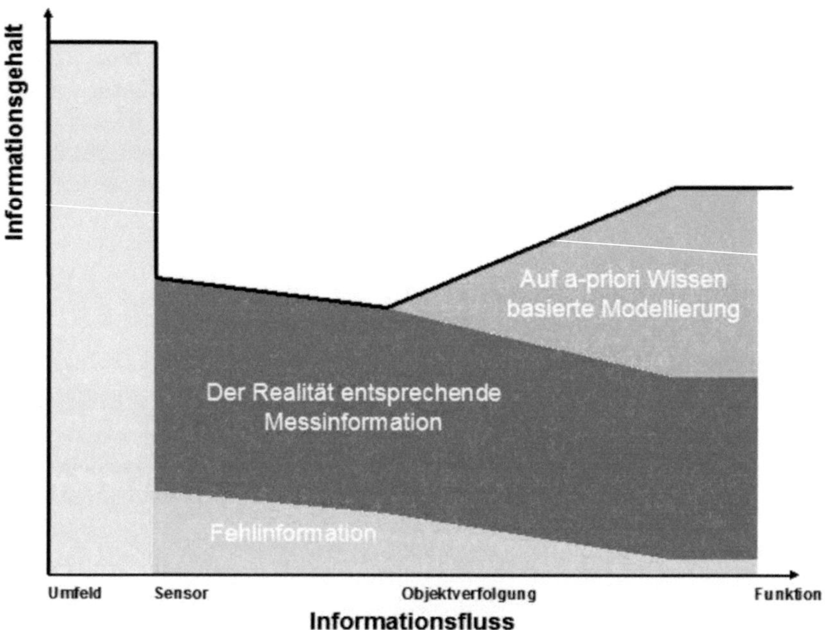

Abbildung 1.1: Informationsgehalt und Informationsfluss.

Die korrekte Abbildung der Verkehrsszene erfordert vielseitige Informationen, die beim heutigen Stand der Technik nur durch Kombination unterschiedlicher Sensoren zu gewinnen sind. Es gibt dafür unterschiedliche Konzepte und Ansätze. Auf Grund der hohen Unterschiedlichkeit der Messinformationen ergänzen sich Radar- und Monokamerasensor besonders gut. Dabei kompensieren die Stärken des Radarsensors (präzise Messung der Entfernung und Geschwindigkeit sowie hohe Wetterbeständigkeit) genau die Schwächen des Monokamerasensors an diesen Stellen. Umgekehrt ergänzt der Monokamerasensor die Radarinformation mit seiner präzisen Winkelmessung und der Information über die Objektausdehnung. Außerdem trägt der Kamerasensor zur Klassifikation von Objekten ausschlaggebend bei. Gemeinsam stellen der Radar- und Monokamerasensor fast alle nötigen Informationen der zukünftigen FAS bereit und werden deshalb häufig in FAS kombiniert.

Bei dem Entwurf eines Fusionssystems mit Radar- und Monokamerasensor müssen zuerst folgende zwei Fragen geklärt werden: 1. Sollen die zwei Sensoren unabhängig voneinander Objekte detektieren und gleichberechtigt eine zentral gelegte Fusionsstelle bedienen, oder arbeiten sie besser nach einem Master-Slave-Mechanismus, wobei der Slave-Sensor zur Verifikation der Information des Master-Sensors genutzt wird? 2. Ist eine Merkmalsfusion oder eine Objektfusion für die Aufgabenstellung besser geeignet?

Stand der Technik

In [BS02] wird ein synchrones Fusionssystem auf Merkmalsebene vorgestellt. Dabei benutzt ein Monokamerasensor die verfolgten Objekte zur Generierung von Interessenbereichen[7] und sucht in diesen Bereichen nach Merkmalen, wie Kanten. Diese gefundenen Merkmale werden anschließend mit der synchron gemessenen Information vom Radarsensor kombiniert. Jede mögliche Kombination der Merkmale von Radar- und Kamerasensor wird für die Aktualisierung der Zustände der verfolgten Objekte bewertet. Auf dieser Basis wird eine Entscheidung zur optimalen Datenkombination von den beiden Sensoren getroffen. In [GA07] zeigt Alessandretti einen Versuch mit einem Master-Slave-System. Nach jedem Eingang neuer Messdaten aktiviert der Radarsensor als der Master den Monokamerasensor zur Verifikation dieser Messdaten. Wird eine Radardetektion auch vom Kamerasensor im Bild gefunden, so wird sie als verifiziertes Objekt bezeichnet. In [Sol04] und [Sim05] werden zwei Hybrid-Systeme vorgestellt. In beiden Systemen wird der Monokamerasensor sowohl zur selbstständigen Objektdetektion als auch zur Verifikation der Radardaten eingesetzt. Der Unterschied der beiden Systeme liegt in der Fusionsebene. In [Sol04] werden die vom Kamerasensor detektierten Merkmale bei der Verifikation der Radarobjekte direkt den Objekten hinzugefügt. Die Objektverfolgung erfolgt ausschließlich auf Basis der Radardaten. In [Sim05] wird die Selbstständigkeit des Kamerasensors einen Schritt weiter geführt. Dabei benutzt der Kamerasensor die Radarobjekte nur zur Initialisierung eigener Objekte und hat parallel zum Radarsensor auch eine eigenständige Objektverfolgung. Die von Radar- und Kamerasensor verfolgten Objekte werden schließlich fusioniert.

Bei den bisherigen Systemen, in denen die Objektverifikation der Haupteinsatzpunkt des Monokamerasensors ist, blieb die Winkelmessung des Kamerasensors entweder unberührt [GA07] oder sie ersetzte einfach die vom Radarsensor gemessenen Winkel. Dadurch entstand allerdings ein hoher Informationsverlust. In [BS02] hatte man zwar einen maximalen Nutzungsgrad der Informationen, die vollständige Bewertung der Kombinationen stellte je-

---

[7]Area of Interest

doch eine hohe Anforderung an die Rechenleistung des Systems. Außerdem weist ein synchrones System generell eine niedrigere Aktualisierungsrate als ein asynchrones System auf. Zwei unabhängige Objektverfolgungen für den Radar- und Kamerasensor wie in [Sol04] und [Sim05] ermöglichen eine verzögerungsfreie Verarbeitung der Informationen. Allerdings beschränkt sich jede Objektverfolgung dadurch nur auf eigenes a-priori Wissen. Das schwächt den Gewinn durch die Datenfusion ab.

Objektverfolgung für aktive Sicherheitsfunktionen durch Fusion von Radar und Kameradaten

Die vorliegende Arbeit versucht, mit einem neuen Fusionskonzept von Radar- und Kameradaten eine Objektverfolgung für aktive Sicherheitsfunktionen, wie eine automatische Notbremse, zu entwickeln. Hierfür ist eine optimale Balance zwischen hohem Informationsgehalt, Nutzungsgrad und niedrigem Rechenbedarf zu finden. Um das zu erreichen, ist ein asynchrones Fusionssystem die bessere Lösung als ein synchrones System. Das dadurch entstehende *Out-of-Sequence*-Problem wird in der Arbeit behandelt. Eine wichtige Fragestellung für die Fusion von Radar- und Monokameradaten liegt in der richtigen Assoziation der Daten unterschiedlicher Koordinatensysteme. Die Fragestellungen zu einer plausiblen Assoziation und der darauf aufbauenden Objektklassifikation sollen im Rahmen dieser Arbeit beleuchtet werden. Das klassische Problem der Behandlung typischer Sensorfehler wird hier ebenfalls behandelt. Darunter fallen vor allem die Behandlung der Reflexwanderung, Nebenkeuleneffekte und Interferenzen beim Radarsensor und die Behandlung der Fehldetektionen beim Kamerasensor.

Das Wissen um die Objektgröße gewinnt immer mehr Bedeutung bei FAS. Es wird einerseits von den komfort-orientierten FAS wie ACC benötigt, um rechtzeitig zu entscheiden, ob das gerade verfolgte Zielobjekt vollständig von der eigenen Fahrspur ausschert und die Funktion entsprechend darauf reagieren soll oder ob ein neues Objekt in die eigene Fahrspur einschert und deshalb als das neue Zielobjekt angenommen werden muss. Eine verzögerte Reaktion auf Ein- und Ausscheren der Objekte beeinträchtigt den Nutzen der Funktion für den Fahrer. Andererseits müssen die Sicherheitsfunktionen wie PSS die Größe der vorausfahrenden oder stehenden Objekte bzw. der Fahrlücke zwischen diesen Objekten kennen, um bei einer Kollisionsgefahr mögliche Ausweichmanöver kalkulieren zu können. Bei solchen Situationen ist eine exakte Schätzung der lateralen Objektposition ebenfalls entscheidend für eine korrekte Reaktion der Funktion. In dieser Arbeit wird deshalb eine Methode entwickelt, um die Objektgröße und laterale Objektposition anhand von Radar- und Kamerainformationen mit hoher Genauigkeit zu schätzen.

Nicht zuletzt soll die Objektdynamik geschätzt werden. Auf Straßen sind hochdynamische Szenarienwechsel, wie z.B. plötzliches Spurwechseln oder unerwartet starkes Bremsen der vorausfahrenden Fahrzeuge, möglich. Um Objekte auch bei solchen dynamischen Manövern robust zu verfolgen, muss das System diese Dynamik rechtzeitig erkennen und sich durch geeignete Einstellung der Systemparameter daran anpassen. Für diese Herausforderung wird ein *Interacting Multiple Model Filter* (IMMF) vorgeschlagen.

Bei der Behandlung der Objektdynamik spielt die Auswahl des Koordinatensystems (KOS), in dem die Bewegung eines Objekts beschrieben wird, ebenfalls eine wichtige Rolle. Das häufig genutzte sensorfeste KOS eignet sich besonders gut für die Beschreibung linearer Bewegungen, hat aber große Nachteile bei nicht linearen Bewegungen, wie z.B. Spurwechseln oder Abbiegen [Bla99]. In den letzten Jahren wurde deshalb das sog. Global-KOS bzw. ortsfeste KOS oft diskutiert. Dabei wird der Bezugspunkt des KOS fest mit der Straße verbunden. Durch Ausnutzung der Gierrate können Kurvenfahrten und Drehbewegungen von Objekten sehr genau beschrieben werden [Bue07]. Das Global-KOS ist allerdings sehr empfindlich auf Messfehler der Geschwindigkeit und Gierrate des Eigenfahrzeugs. Summieren sich diese Fehler über eine lange Zeit auf, so entsteht ein wachsender Fehler bei der Bestimmung der Position des Eigenfahrzeugs relativ zur Umwelt. Die Festlegung einer optimalen Beschreibung der Objektbewegung im Fusionssystem ist deshalb ein wichtiger Bestandteil dieser Arbeit und wird ausführlich beschrieben.

1.4 Gliederung der Arbeit

Kapitel 2 geht zunächst tiefer auf die Messprinzipien und Algorithmen zur Objektdetektion des eingesetzten Radar- und Monokamerasensors ein. Anschließend werden die Kenngrößen und statistischen Messfehler der Sensoren daraus abgeleitet. Der Schwerpunkt liegt dabei auf der experimentellen Bestimmung des Messrauschens des Monokamerasensors.

Kapitel 3 führt in die Grundlagen der Objektverfolgung ein und gibt einen Überblick über die verbreitetsten Methoden. Im Fokus steht zunächst die Filtertechnik, die gesuchte Objektzustände für FAS bereitstellt. Ausgehend vom Bayes'schen Filter führt sie entlang der zeitlichen Entwicklung über das Kalman Filter und seine wichtige Erweiterungen EKF und UKF zum modernen Partikel-Filter. Die Diskussion über die Behandlung der Objektmanöver mit dem adaptiven Kalman Filter und dem IMMF schließt den ersten Teil des Kapitels ab. Der zweite Teil befasst sich mit dem Thema Assoziation. Darin wird zuerst das Problem Assoziation aus Sicht der FAS erläutert. Schließlich werden die bekanntesten Verfahren zur Assoziation vorgestellt und ihre Vor- und Nachteile diskutiert.

Kapitel 4 ist das Kernstück dieser Arbeit. Darin wird die während dieser Arbeit entstandene Objektverfolgung zur Erfüllung der Anforderungen zukünftiger FAS präsentiert. Im Abschnitt 4.1 werden die Zustandsgrößen und das Koordinatensystem vorgestellt. Ein besonderes Augenmerk gilt hier dem Vergleich und der Bewertung des in dieser Arbeit vorgeschlagenen KOS gegenüber bisher diskutierten KOS. Abschnitt 4.2 beschreibt die Zustandstransformation zwischen dem System- und Sensorraum. Die Behandlung des Out-of-Sequence-Problems wird hier ebenfalls eingeordnet. Abschnitt 4.3 stellt mit seinen 12 Unterabschnitten die Kerninhalte der vorgeschlagenen Objektverfolgung dar und ist anhand des Datenflusses der Objektverfolgung gegliedert. Die Hauptaugenmerke liegen neben der Auswahl und dem Aufbau der zwei Dynamikmodelle auf den zwei Assoziationsmodellen der Sensoren einschließlich der Behandlung von sensorspezifischen Messfehlern, wie Nebenkeuleneffekten, Interferenzen und Fehldetektionen. Ein anderer Schwerpunkt dieses Abschnitts ist die adaptive Modellierung des Systemrauschens abhängig von der aktuellen Längs- und Querdynamik der Objekte. Nach der Vorstellung der Algorithmen zur Objektverwaltung, wie z.B. Initialisierung, Verschmelzen und Löschen von Objekten, rundet die Methode zur Verifikation von Objekten mit Messdaten des Radar- und Monokamerasensors das Kapitel ab.

Eine Gegenüberstellung der experimentellen Ergebnisse findet sich zusammen mit einer kurzen Vorstellung des Versuchsfahrzeugs und der Entwicklungsumgebung in Kapitel 5. Die vorgestellte Objektverfolgung wird in verschiedenen realen oder nachgebildeten Situationen getestet und zeigt mit den Ergebnissen eine Erfüllung der definierten Ziele.

Kapitel 6 fasst die wesentlichen Gedanken und Schlüsse dieser Arbeit zusammen und schließt sie mit einem Ausblick auf zukünftige Verbesserungsmöglichkeiten ab.

2 Funktionsweise und Modellierung der Sensorik

Wie in der Einleitung erwähnt, wird in dieser Arbeit ein kombiniertes Sensorsystem von FMCW-Radar und Monokamera eingesetzt. Mit diesem Sensorsystem soll die Objektverfolgung in der Lage sein, die Anforderungen der zukünftigen Fahrerassistenzsysteme, ein großer Erfassungsbereich in Längs- und Querrichtung, eine exakte und verzögerungsarme Schätzung der Objektbewegung und eine korrekte Klassifikation eines Objekts, zu erfüllen und trotzdem wirtschaftlich wettbewerbsfähig zu bleiben. Im Folgenden werden die Funktionsweise und die mathematische Modellierung dieser Sensoren vorgestellt. In dem ersten Abschnitt wird das FMCW-Verfahren[1] zur Objektdetektion bei der Radarsensorik zusammen mit ihren Kenngrößen und deren Sensormodellierung detailliert erklärt. Anschließend wird in dem zweiten Abschnitt die Fahrzeugdetektion mit der Monokamera nach *Dempster-Shafer Evidence Theory* behandelt. Darüber hinaus werden die Kenngrößen und das Sensormodell der Monokamerasensorik abgeleitet.

2.1 FMCW-Radar

Nach Jahrzehnten kontinuierlicher Entwicklung sind heutige Radarsensoren besonders geeignet zur Messung des Aufenthaltsortes und des Bewegungszustandes eines Objekts. Dabei können verschiedene Verfahren zum Einsatz kommen. Weit verbreitet sind das Puls-Doppler- und FMCW-Verfahren, deren Charakter in der Einleitung zusammengefasst sind. Im Vergleich mit den anderen Verfahren zeichnet sich das FMCW-Verfahren durch seine hohe Genauigkeit bei der Abstands- und Geschwindigkeitsmessung eines Objekts aus. Durch die relativ einfache Realisierung in einem Kfz-Steuergerät hat es in Fahrerassistenzsystemen einen breiten Einsatz gefunden [Win02].

---

[1]FMCW: Frequency Modulated Continuous Wave

2.1.1 Messprinzip und Signalverarbeitung

Das FMCW-Verfahren ist, wie sein Name es beschreibt, durch eine linear veränderte Sendefrequenz (sog. Frequenzrampe) gekennzeichnet. Die gesendete elektromagnetische Welle wird an Reflektoren[2] reflektiert. Ein Teil davon wird wieder vom Radarsensor empfangen. Durch den Doppler-Effekt entsteht eine Frequenzverschiebung zwischen den hin- und rücklaufenden Wellen. Die momentane Frequenzdifferenz aufgrund der Frequenzverschiebung ist dabei abhängig von dem Abstand und der relativen Geschwindigkeit zwischen dem Radarsensor und dem Reflektor. Diese Beziehung kann mathematisch folgendermaßen dargestellt werden:

$$f_e = 2 \cdot \frac{s_T}{c} \cdot d_r + 2 \cdot \frac{f_T}{c} \cdot v_r, \qquad (2.1)$$

wobei f_e die Frequenz der empfangenen Welle, s_T die Steigung der Frequenzrampe, c die Lichtgeschwindigkeit in Luft, d_r der radiale Abstand zwischen dem Reflektor und Radarsensor, f_T die Trägerfrequenz der gesendeten Welle und v_r die relative radiale Geschwindigkeit ist. Der erste Summand entspricht gerade der Frequenz der ausgesendeten Welle zum Zeitpunkt des Empfangs, während der zweite Summand die Dopplerverschiebung beschreibt.

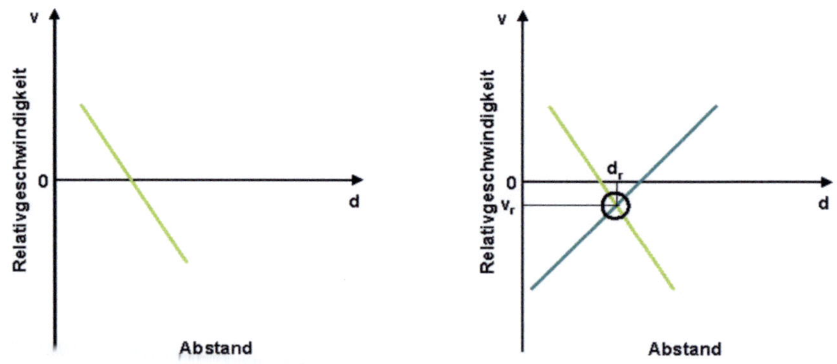

Abbildung 2.1: dv-Diagramm eines Ziels.

---

[2] Alle Gegenstände reflektieren Strahlung. Die Dämpfung des Gegenstands ist aber sehr unterschiedlich. Gute Reflektoren haben die Eigenschaft, praktisch keine Dämpfung aufzuweisen. Gute Reflektoren sind Gegenstände aus Metall, wie z.B. Fahrzeuge und Leitplanken. Nicht metallische Gegenstände, wie Menschen und Bäume, sind schlechte Reflektoren.

Die Gleichung (2.1) stellt bei einer bekannten Frequenz f_e und Trägerfrequenz f_T eine Gerade in dem Abstands-Geschwindigkeits-Diagramm (sog. dv-Diagramm) dar. Das linke Bild in Abb. 2.1 zeigt eine solche Gerade. Um d_r und v_r nach Gleichung (2.1) zu bestimmen, wird mindestens eine zweite Gerade bzw. eine zweite Frequenzrampe benötigt. Der Schnittpunkt der zwei Geraden bezeichnet ein mögliches Lösungspaar (sog. Radardetektion) für d_r und v_r. Das rechte Bild in Abb. 2.1 stellt ein Beispiel im dv-Diagramm durch eine 2-Rampen-Modulation dar. Dabei beschreiben die verschiedenen Farben der Geraden die modulierten Rampen.

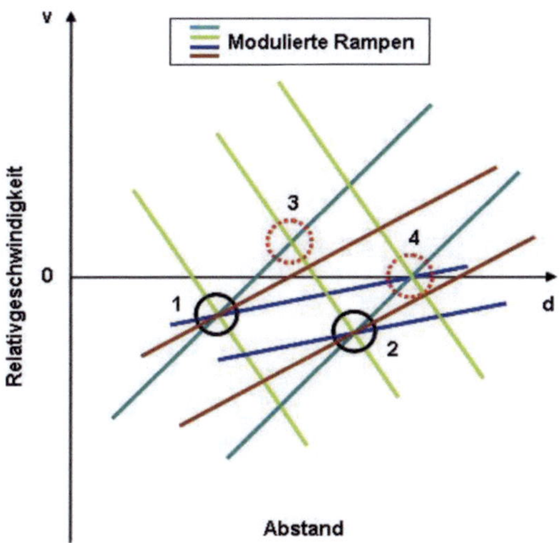

Abbildung 2.2: dv-Diagramm einer Mehrziel-Situation.

Allerdings entsteht eine Mehrdeutigkeit durch zweifache Geraden-Schnittpunkte bei Mehrziel-Situationen, wie in Abb. 2.2 zu sehen ist. Neben den realen Zielen 1 und 2 können auch virtuelle Ziele 3 und 4 detektiert werden. Die virtuellen Ziele kommen vor allem durch Rauschen, Interferenzen oder Spiegelung zu Stande. Um diese Mehrdeutigkeit zu vermeiden, werden zusätzliche Frequenzrampen moduliert. In Abb. 2.3 wird eine Sendefrequenz eines modernen Vier-Rampen-Radarsensors über Zeit dargestellt. Mit den vierfachen Geraden-Schnittpunkten lassen sich reale Ziele 1 und 2 leicht von den virtuellen Zielen 3 und 4 trennen. Die Wahrscheinlichkeit, dass ein vierfacher Geraden-Schnittpunkt ein Geisterobjekt wiedergibt, ist sehr gering. Durch die Vier-Rampen-Technik kann ein moderner FMCW-Radar nicht nur die Mehrdeutigkeit vermeiden, es können dadurch auch virtuelle Ziele (sog. Fehldetektionen) effektiv unterdrückt werden. Zusätzlich lassen sich virtuelle Ziele eliminieren, indem der zeitliche Verlauf beobachtet wird, weil dann die Schnittpunkte verschoben werden.

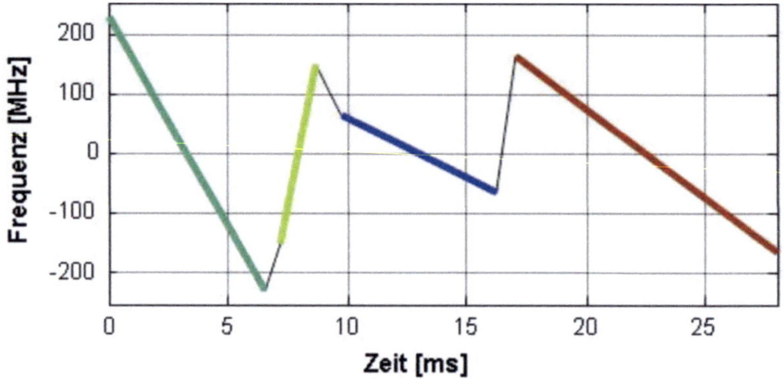

Abbildung 2.3: Vier-Rampen-Modulation.

Ein Radarsensor, der nur mit einer Antenne ausgestattet ist, kann die Winkellage eines Reflektors nicht bestimmen, weil die empfangene Leistung der reflektierten Welle nur abhängig von dem Abstand des Reflektors ist. Um den Winkel eines Reflektors mit einem Radarsensor erfassen zu können, wurden verschiedene Verfahren untersucht. Die am häufigsten eingesetzten sind Mehr-Antennen- und Scanning-Verfahren. Da der in dieser Arbeit eingesetzte Radarsensor mit dem Mehr-Antennen-Verfahren arbeitet, wird hier auch dieses Verfahren näher behandelt.

Bei dem Mehr-Antennen-Verfahren werden mehrere feststehende Antennen mit einem sich überlappenden Antennendiagramm eingesetzt. Dadurch unterscheiden sich die empfangenen Leistungen der einzelnen Antennen aufgrund der unterschiedlichen Winkellage des Reflektors zur jeweiligen Antenne deutlich. Durch einen Vergleich der empfangenen Amplituden- und Phasenverhältnisse der Antennen mit einem bekannten Antennendiagramm kann eine Winkelbestimmung erfolgen. In Abb. 2.4 ist ein Antennendiagramm eines Vier-Antennen-Radarsensors beispielhaft gezeigt. Dargestellt sind die Amplitudenbeträge der Radarantennen in Abhängigkeit des horizontalen Winkels. Da der eingesetzte Radarsensor vier Frequenzrampen in einem Messzyklus moduliert, kann er für ein Objekt bis zu vier unabhängig geschätzte Winkel bestimmen, je nachdem, wie viele Geraden im dv-Diagramm sich überschneiden.

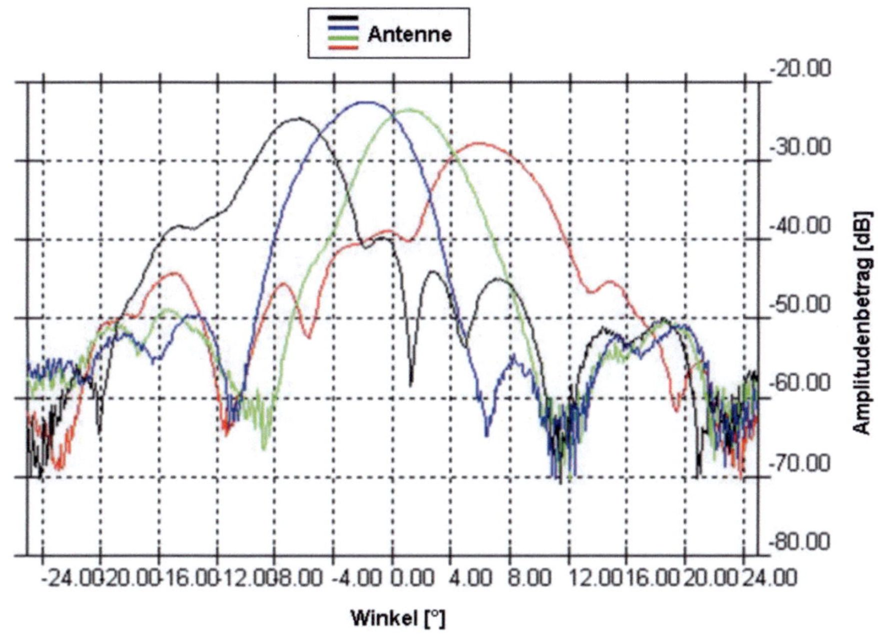

Abbildung 2.4: Antennendiagramm eines Vier-Antennen-Radarsensors.

2.1.2 Kenngrößen und Sensormodellierung

Im letzten Abschnitt 2.1.1 wird die Funktionsweise des in der Arbeit eingesetzten FMCW-Radarsensors zur Messung des Aufenthaltsortes und des Bewegungszustandes eines Reflektors vorgestellt. Darüber hinaus werden in diesem Unterabschnitt die Kenngrößen der Radardetektionen abgeleitet und der statistische Messfehler des Radarsensors wird analysiert und modelliert.

Das Koordinatensystem des Radarsensors ist in Abb. 2.5 dargestellt. Es handelt sich um ein Polar-Koordinatensystem mit dem Ursprung in der Mitte des Radarsensors. Die radiale Richtung R zeigt in Richtung eines Reflektors. Die laterale Richtung θ zeigt die laterale Winkellage gegenüber der Fahrzeuglängsachse und wird auf der linken Seite positiv bzw. auf der rechten Seite negativ definiert. Die Kenngrößen des Radarsensors sind der direkt gemessene radiale Abstand und die radiale relative Geschwindigkeit (d_r, v_r) eines Objekts und der nach dem Mehr-Antennen-Verfahren geschätzte Winkel θ dieses Objekts. Der Messvektor des Radarsensors kann folgendermaßen

$$Y_R = \begin{pmatrix} d_r \\ v_r \\ \theta \end{pmatrix} \qquad (2.2)$$

beschrieben werden.

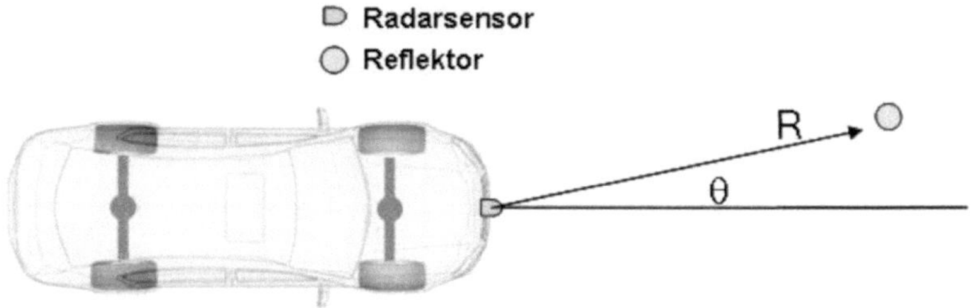

Abbildung 2.5: Koordinatensystem des Radarsensors.

Wie im Abschnitt 2.1.1 beschrieben, werden der Abstand und die relative Geschwindigkeit eines Reflektors aus einem Schnittpunkt mehrerer *dv*-Geraden bestimmt. Auf Grund kleiner Ungenauigkeiten der Sendefrequenzmodulation und des Rauschens der digitalen Signalverarbeitung können diese *dv*-Geraden sich oft nicht exakt in einem Punkt schneiden, sondern in mehreren Punkten. Sie umkreisen einen offenen Bereich. Dadurch entsteht eine Unsicherheit für die Lösung von (d_r, v_r). Sie ist die Folge des Messrauschens. Aus der Größe des umkreisten Bereichs kann das Messrauschen quantitativ mit einer Messvarianz beschrieben werden. Außerdem spiegelt die Anzahl der geschnittenen *dv*-Geraden eine qualitative Information der Detektions- bzw. Fehldetektionswahrscheinlichkeit wieder.

Anders als (d_r, v_r) wird die Winkellage eines Objekts aus dem Vergleich der empfangenen Leistung der Antennen mit einem bekannten Antennendiagramm geschätzt. Da der Radarsensor aufgrund der niedrigen Rechenleistung und des Speichervolumens nur eine beschränkte Bandbreite und Auflösung hat, kann die empfangene Leistung der einzelnen Antenne nicht 100-prozentig auf das Antennendiagramm passen. Das Antennendiagramm ist i.d.R. unter der Annahme eines punktförmigen Zieles erstellt. Da aber Gegenstände wie Fahrzeuge keine Punktziele sind, entsteht dadurch zusätzliche Unsicherheit. Außerdem werden Reflektionen überlagert, z.B. durch Bodenreflektion. Diese Unsicherheiten der vier Antennen summieren sich und verursachen ein großes Messrauschen des Winkels. Dieses Messrauschen kann anhand der empfangenen Leistungen der Antennen quantitativ mit einer Messvarianz beschrieben werden.

Die Matrix der Messvarianz kann mit

$$R_R = \begin{pmatrix} \sigma_r^2 & \sigma_{rv}^2 & 0 \\ \sigma_{vr}^2 & \sigma_v^2 & 0 \\ 0 & 0 & \sigma_\theta^2 \end{pmatrix} \tag{2.3}$$

dargestellt werden. Dabei ist σ_r^2 die Messvarianz des Abstandes, σ_v^2 die Messvarianz der relativen Geschwindigkeit, σ_θ^2 die Messvarianz des Winkels und σ_{rv}^2 bzw. σ_{vr}^2 die Kovarianz des Abstandes und der relativen Geschwindigkeit. Die Unabhängigkeit zwischen θ und d_r, v_r aufgrund der entkoppelten Messverfahren wird in der Matrix durch die Nullen an entsprechenden Stellen widergespiegelt.

2.2 Monokamera

Kamerabilder beinhalten fast alle zum Autofahren benötigten Informationen über das Umfeld. Unser alltägliches Autofahren über die Augen ist der beste Beweis dafür. Wie in der Einleitung zusammengefasst, wurden bisher verschiedene Methoden entwickelt, um interessierende Informationen zur Detektion und Klassifikation der Objekte aus Kamerabildern zu extrahieren. Bei Monokamerasensoren sind diese Methoden entweder basiert auf der Bewegung eines Objekts in Bildern oder auf der Mustererkennung bei gleichzeitiger Klassifikation eines detektierten Objekts. Die Letztere ist wegen ihrer guten Trainierbarkeit besonders geeignet zur Objektdetekion und -klassifikation im städtischen Verkehr. Der hier eingesetzte Monokamerasensor ist auf eine Erkennung von Fahrzeugen trainiert. Die Methode zur Objekterkennung, die Kenngrößen und Modellierung des eingesetzten Monokamerasensors werden in folgenden Unterabschnitten erfasst.

2.2.1 Videobasierte Fahrzeugdetektion mit Dempster-Shafer Evidence-Theorie

Eine korrekte videobasierte Erkennung von Fahrzeugen setzt eine Erkennung charakteristischer Roh-Merkmale voraus, die Fahrzeuge eindeutig von anderen Gegenständen auf den Straßen unterscheidet. Diese Roh-Merkmale können in zwei Kategorien gegliedert werden: Struktur-Merkmale und Dynamik-Merkmale.

Struktur-Merkmale

Die Struktur-Merkmale sind statische Informationen eines Fahrzeugs in einem einzelnen Kamerabild. Sie sind vor allem folgende Roh-Merkmale:

Symmetrie-Information Da Fahrzeuge meistens symmetrisch zu ihrer Längsachse[3] gebaut sind, wird nach dieser Information gezielt im Bild gesucht. Es gibt zwei Arten von Symmetrie-Information. Die erste ist eine bei Tageslicht nutzbare Information, die nur unter guten Lichtbedingungen zu erkennen ist. Typische Beispiele dieser Information sind die linke und rechte Außenkante des Hecks und die linken und rechten Fensterlinien eines Fahrzeugs (siehe Abb. 2.6). In den schlecht beleuchteten Situationen ist die zweite Information, die bei Nacht bestimmbare Information, zu finden. Ein gutes Beispiel dieser Information sind die symmetrisch eingebauten Scheinwerfer oder Rückleuchten eines Fahrzeugs (siehe Abb. 2.6).

Abbildung 2.6: Symmetrie-Information eines Fahrzeugs im Bild.

Kanten-Information Unter verschiedenen Ansichtswinkeln zeigen die Kanten eines Fahrzeugs eine einzigartige Signatur im Bild. In Abb. 2.7 werden die beobachtbaren Kanten eines Fahrzeugs aus unterschiedlichen Ansichtswinkeln gezeigt. Diese Kanten-Information gibt auf der einen Seite Information über den Gierwinkel eines Fahrzeugs, auf der anderen Seite Information über die Größe eines Fahrzeugs wieder. Die beiden Informationen sind für die Fahrerassistenzsysteme von großer Bedeutung und werden deshalb analysiert.

Schatten-Information Der Schatten unter einem Fahrzeug ist ebenfalls ein signifikantes Charakteristikum. Er ist außerdem oft sehr leicht zu trennen von der Fahrbahnoberfläche aufgrund der unterschiedlichen Grauwerte.

---

[3]Die Längsachse eines Fahrzeugs ist eine Gerade durch die Mittelpunkte der vorderen und hinteren Achse des Fahrzeugs

Abbildung 2.7: Kanten-Information eines Fahrzeugs im Bild.

Merkmale aus Bildfolgen

Im Gegensatz zu den Struktur-Merkmalen, die aus einem einzigen Bild extrahiert werden können, versucht man die Dynamik-Merkmale aus einem
Bildpaar, das von demselben Monokamerasensor zu zwei aufeinander folgenden Zeitpunkten erfasst sind, zu bestimmen. Mit diesem Bildpaar erhält
man Informationen über die zweidimensionale Bewegung eines Objekts in
Bildfolgen. Wenn man dieselben Bildpunkte im Bildpaar verbindet, ergibt
sich ein Vektorfeld, das eine Projektion der echten 3D-Bewegungsvektoren
ins Bild darstellt. Dieses Vektorfeld wird als optischer Fluss bezeichnet.

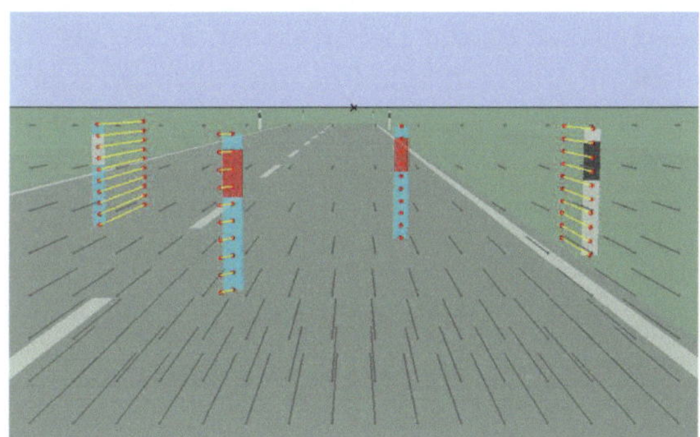

Abbildung 2.8: Optischer Fluss auf einer ebenen Strasse [Sim05].

In Abb. 2.8 ist der optische Fluss einer ebenen Straße mit Objekten dargestellt. Der Kamerasensor bewegt sich mit 30 m/s vorwärts. Die Objekte im
Bild von rechts nach links sind: ruhender Pfosten; mitbewegtes Objekt mit
gleicher Geschwindigkeit und Richtung wie der Kamerasensor, wobei sein
optischer Fluss verschwindet; einscherendes Objekt und ganz links ein ent-
gegenkommendes Objekt mit -30 m/s. Mit Hilfe des optischen Flusses kann
ein Objekt leicht vom Hintergrund unterschieden werden. Dieses Dynamik-

Merkmal wird daher zur Generierung von Interessenbereichen[4] benutzt. Da in dieser Arbeit keine selbstständige Objektverfolgung im Monokamerasensor durchgeführt wird, wird hier die Methode zur Objektverfolgung mit optischem Fluss nicht behandelt.

Fusion der Informationen nach der Dempster-Shafer Evidence-Theorie

Um die oben beschriebenen Informationen zu einer Fahrzeugerkennung zu kombinieren, wird im Monokamerasensor ein Fusionssystem nach der Dempster-Shafer Evidence-Theorie implementiert [Sim05]. Dempster stellte im Jahr 1968 die Dempster-Regel vor [Dem68]. Sie kombinieren Informationen unterschiedlicher Quellen zu einer Gesamtaussage. Shafer erweiterte die Idee von Dempster zur Dempster-Shafer Evidence-Theorie und fasste die mathematische Ableitung in [Sha76] zusammen. Die Evidence-Theorie ist eine Generalisierung der Bayes'schen Theorie zur Beschreibung der Unsicherheit. Sie erlaubt eine gemeinsame Betrachtung der einzelnen Informationen über einen Sachverhalt, wie z.B. Fahrzeugerkennung, aus verschiedenen Aspekten und macht daraus die optimale Entscheidung.

Die Basis dieser Theorie ist die Definition einer Menge, die alle möglichen Ergebnisse eines Ereignisses beinhaltet, und sie wird mit Θ bezeichnet. In dieser Arbeit ist das Ereignis die Erkennung eines Objekts als Fahrzeug und die Ergebnisse sind folgende Zustände:

$$
\begin{aligned}
&a_1 && \text{Objekt ist ein Fahrzeug,} \\
&a_2 = \bar{a}_1 && \text{Objekt ist kein Fahrzeug,} \\
&a_3 = (a_1 \cup a_2) && \text{keine eindeutige Aussage,}
\end{aligned}
\tag{2.4}
$$

wobei $\bar{a}_1$ die Gegenentscheidung von a_1 darstellt. Daraus kann man die Vertrauensfunktion mit

$$
m(\phi) = 0 \tag{2.5}
$$

$$
\sum_{a_i \subseteq \Theta} m(a_i) = \sum_{i=1}^{3} m(a_i) = 1 \tag{2.6}
$$

beschreiben, wobei $m(a_i)$ die Wahrscheinlichkeitsmassenfunktion[5] eines Ergebnisses und $m(\phi)$ die PMF einer leeren Menge ist. Die PMF werden

---

[4]Area Of Interest(AOI)
[5]Probability Mass Function(PMF)

auf der Basis von zahlreichen Trainings-Mustern empirisch geschätzt. Jedes aus Kamerabildern extrahierte Roh-Merkmal bildet eine vollständige Menge Θ. Die Wahrscheinlichkeitsmassenfunktionen der drei Ergebnisse des Roh-Merkmals erfüllen die Gleichung (2.6). Um eine optimale Entscheidung aus allen Roh-Merkmalen zu treffen, werden die PMF einzelner Merkmale zu einer kombinierten PMF nach der Dempster-Regel umgerechnet. Unten ist ein Beispiel der Umrechnung mit zwei Roh-Merkmalen A und B:

$$m(c_k) = \frac{\sum_{a_i \cap b_j = c_k; c_k \neq \phi} m(a_i) \cdot m(b_j)}{1 - \kappa} \quad i, j = 1...3, k = 1...9, \qquad (2.7)$$

wobei a_i, b_j die Ergebnisse der beiden Roh-Merkmale und c_k das kombinierte Ergebnis ist. Der Normierungskoeffizient κ mit

$$\kappa = \sum_{a_i \cap b_j = \phi} m(a_i) \cdot m(b_j) \qquad (2.8)$$

beschreibt den Konflikt bzw. die Widersprüchlichkeit zwischen den beiden Merkmalen. Aus den normierten PMF kann man Wahrscheinlichkeiten für die Ergebnisse berechnen:

Bestätigung eines Ergebnisses ist definiert als die Summe aller PMF, die dieses Ergebnis direkt bestätigen:

$$S(c_k) = m(c_k). \qquad (2.9)$$

Plausibilität eines Ergebnisses ist definiert als die Summe aller PMF, die diesem Ergebnis nicht widersprechen:

$$Pl(c_k) = 1 - S(\bar{c}_k). \qquad (2.10)$$

Dabei stellt $S(\bar{c}_k)$ den Zweifel an dem Ereignis dar.

Ungewissheit eines Ergebnisses ist genau das Intervall zwischen der Bestätigung und der Plausibilität.

Diese Wahrscheinlichkeiten sind in Abb. 2.9 veranschaulicht.

2.2.2   Kenngrößen und Sensormodellierung

Wie im Abschnitt 2.2.1 beschrieben, werden für die Fahrzeugdetektion zuerst viele Interessenbereiche im Bild markiert. Ein Detektor-Algorithmus generiert anschließend aus diesen Bereichen unzählige quadratische Such-Exempel, deren Größe bestimmten Fahrzeugmodellen, wie z.B. PKW oder

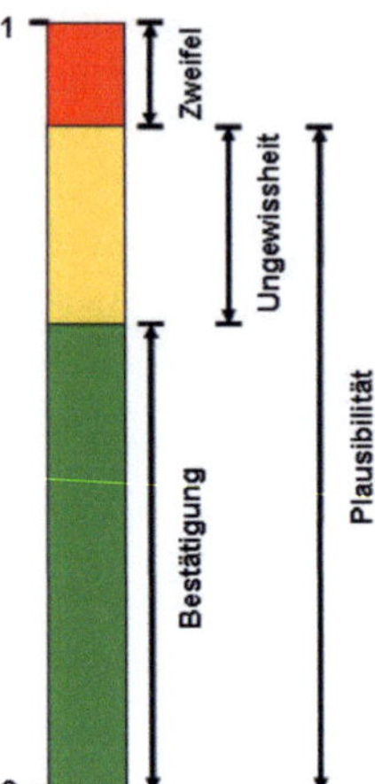

Abbildung 2.9: Wahrscheinlichkeiten nach der Dempster-Shafer Evidence-Theorie.

LKW, im Bild entspricht. Er sucht danach in jedem Exempel gezielt nach den oben definierten Roh-Merkmalen und berechnet für jedes Roh-Merkmal die PMF-Werte. Schließlich werden Wahrscheinlichkeiten für die drei oben genannten Zustände durch Fusion aller Roh-Merkmale nach der Dempster-Shafer Evidence-Theorie berechnet. Aus diesen Wahrscheinlichkeiten kann der Detektor-Algorithmus entscheiden, ob es sich bei dem Such-Exempel um ein Fahrzeug handelt. Außerdem kann auch die Plausibilität und die Unsicherheit einer Detektion abgeleitet werden. Der Detektor-Algorithmus sichert all diese Informationen in einer Detektionsliste. Für jede Detektion in der Liste werden folgende Merkmale zur späteren Objektverfolgung bereitgestellt:

p_y vertikale Pixelposition der Mitte der Unterkante eines Objekts im Bild,

p_x horizontale Pixelposition der Mitte der Unterkante eines Objekts im Bild,

p_w Pixelbreite der Unterkante eines Objekts im Bild.

Der Messvektor des Monokamerasensors ist definiert wie:

$$Y_K = \begin{pmatrix} p_y \\ p_x \\ p_w \end{pmatrix}. \tag{2.11}$$

Das Koordinatensystem des Monokamerasensors ist ein Bild-Koordinatensystem mit dem Ursprung in der linken, oberen Ecke des

Bildes (siehe Abb. 2.10). Die X-Richtung zeigt in horizontaler Richtung vom Ursprung nach rechts. Die Y-Richtung zeigt in vertikaler Richtung vom Ursprung nach unten. Der Monokamerasensor hat eine maximale vertikale Auflösung von 480 Pixel und eine maximale horizontale Auflösung von 640 Pixel.

Abbildung 2.10: Koordinatensystem des Monokamerasensors.

Da der Detektor des Monokamerasensors auf der Basis einer Mustererkennung arbeitet, kann die Detektion zwar qualitativ bewerten, eine quantitative Aussage über das Messrauschen der Kenngrößen ist aber nicht gegeben. Der in der Objektverfolgung eingesetzte Filter setzt jedoch eine korrekte Schätzung des Messrauschens für jeden Sensor voraus. Aus diesem Grund wird hier versucht, das statistische Messrauschen des Monokamerasensors heuristisch aus Messwerten zu modellieren. Die Modelle sind in dem folgenden Unterabschnitt zusammengestellt.

Modellierung des Messrauschens des Monokamerasensors

Um eine statistische Schätzung des Messrauschens zu ermitteln, wurden eine große Menge von Messungen durchgeführt, bei denen Fahrzeuge verschiedener Typen in verschiedenen Postionen vom Monokamerasensor detektiert wurden. Nach Analyse der gesammelten Daten wird die Standardabweichung des Messrauschens der drei Kenngrößen in Abhängigkeit zu einer geeigneten Größe durch drei Geraden modelliert (siehe Abb. 2.11, 2.13 und 2.15). Das Geradenmodel ist gewählt worden, weil es einerseits wenig Speicherbedarf und Rechenleistung fordert, es anderseits ausreichend den charakteristischen Verlauf des Messrauschens beschreiben kann.

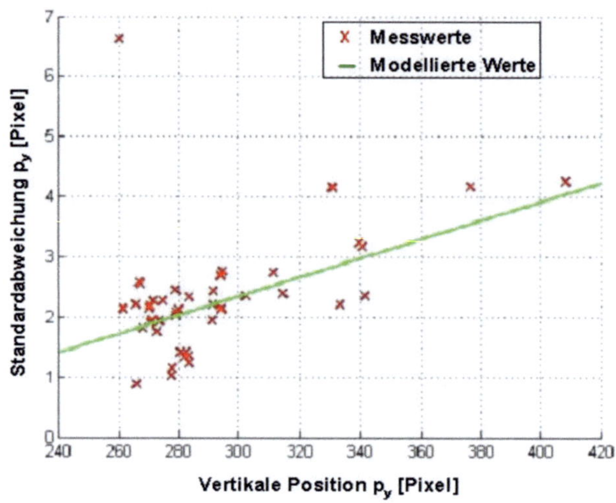

Abbildung 2.11: Modellierung des Messrauschens der vertikalen Position.

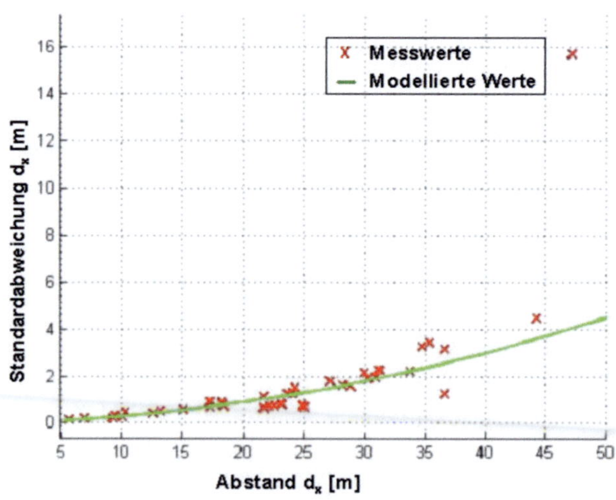

Abbildung 2.12: Modellierung des Messrauschens in Abhängigkeit vom Abstand.

In Abb. 2.11 zeigt sich die Standardabweichung der Kenngröße p_y abhängig von p_y. Die dort bezeichneten „x"-Punkte sind die Standardabweichung von p_y der Positionen und die Gerade ist die modellierte Standardabweichung über p_y. Da bei stehendem Eigenfahrzeug der Horizont genau in der Mitte des Kamerabildes liegt, wird p_y nur für den unteren Bereich des Kamerabildes (ab 240 Pixeln) gezeigt. Obwohl die Standardabweichung von p_y in Abb. 2.11 relativ flach über Nah- und Fernbereich läuft, steigt die entsprechende Standardabweichung gegenüber d_x, dem Abstand zwischen dem Fahrzeug und dem Monokamerasensor, überproportional zum Abstand d_x (siehe Abb. 2.12).

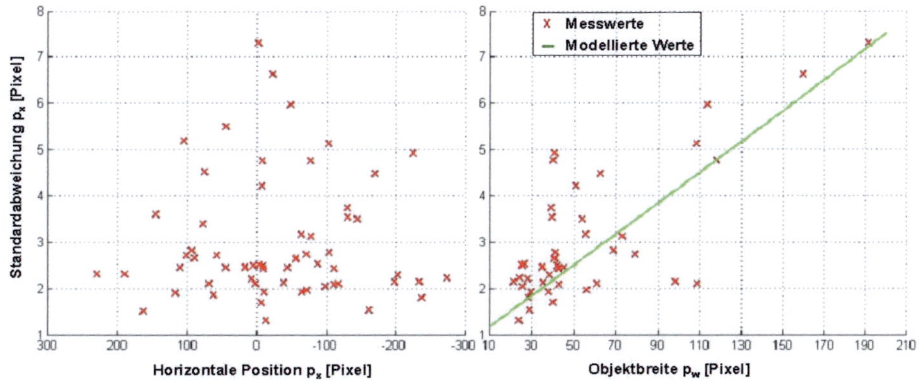

Abbildung 2.13: Modellierung des Messrauschens der horizontalen Position.

Eine Besonderheit der Modellierung des Messrauschens ist bei der vertikalen Position p_x zu beobachten. Die Standardabweichung von p_x aus den Messungen zeigt keine charakteristische Abhängigkeit von p_x, stellt sich dagegen mit klarer linearer Beziehung gegenüber p_w dar (siehe Abb. 2.13). Dieses Phänomen lässt sich jedoch gut mit dem Detektor-Algorithmus des Monokamerasensors erklären. Wie am Beginn dieses Abschnitts erwähnt, generiert der Detektor-Algorithmus aus den Interessenbereichen (AOI) viele quadratische Such-Exempel, deren Größe bestimmten Fahrzeugmodellen, wie z.B. PKW oder LKW, im Bild entspricht. Er sucht danach in diesen Kästchen gültige Detektionen auf der Basis von definierten Roh-Merkmalen (siehe Abschnitt 2.2.1). Eine größere Pixelbreite im Bild bedeutet deshalb einem größeren Interessenbereich und auch mehr zu durchsuchende Exempel. Die steigende Anzahl von Proben und der größere Suchbereich im Bild verursachen zusammen eine stärker streuende Verteilung der Detektionen bzw.

eine größere Standardabweichung. Dieser Effekt des Detektor-Algorithmus steckt auch in dem Modell der Standardabweichung von p_y.

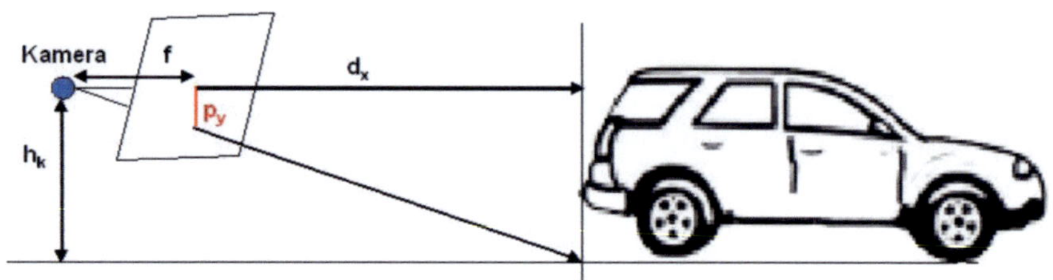

Abbildung 2.14: KOS-Transformtion nach Stein.

In [Ste03] wurde ein Verfahren, das ein Objekt vom kartesischen KOS ins Bild-KOS transformiert, vorgestellt. Dabei wurde eine ebene Straße angenommen. Abbildung 2.14 zeigt ein Beispiel dafür. Dabei ist h_K die Höhe des Monokamerasensors über Grund, d_x der Abstand eines Fahrzeugs zum Monokamerasensor, f die Brennweite und w die Breite eines Fahrzeugs.

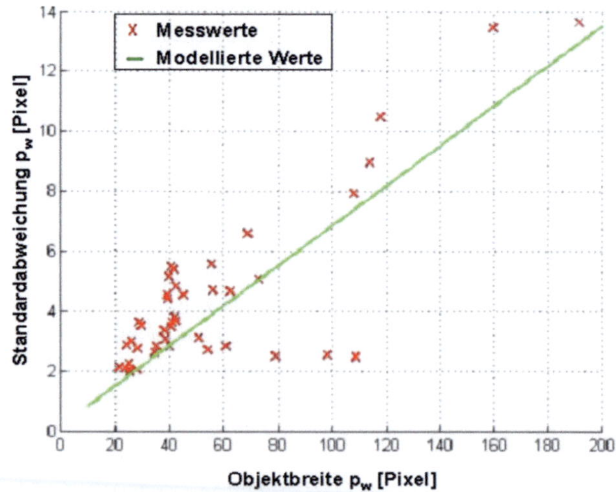

Abbildung 2.15: Modellierung des Messrauschens der Objektbreite.

Es gilt

$$p_y = \frac{h_K \cdot f}{d_x},$$

(2.12)

$$p_w = \frac{w \cdot f}{d_x}.$$

(2.13)

Dividiert man Gleichung (2.12) durch Gleichung (2.13), ergibt sich daraus

$$\frac{p_y}{p_w} = \frac{h_K}{w}.$$

(2.14)

Nach (2.14) haben p_y und p_w bei konstanter Fahrzeugbreite und Einbauhöhe des Sensors eine proportionale Beziehung. Die in Abb. 2.11 gezeigte, steigende Gerade der Standardabweichung von p_y in Abhängigkeit von p_y stellt deshalb auch eine linear steigende Tendenz abhängig von p_w dar. Der gleiche Effekt ist auch bei der Standardabweichung von p_w zu sehen und ist in Abb. 2.15 dargestellt.

3 Grundlagen der Objektverfolgung

Die Objektverfolgung auf Basis von Radar-Systemen wurde zuerst für militärische Anwendungen, wie z.B. zur Luftraumüberwachung, entwickelt. In den vergangenen 70 Jahren hat die Objektverfolgung durch den breiten Einsatz von Radarsystemen eine dynamische Entwicklung hinter sich, von Einziel-Systemen zu Mehrziel-Systemen, von Einzel-Sensor-Systemen zu Mehr-Sensor-Systemen. Die Filter-Methodik und Assoziation sind die Grundsteine für die Objektverfolgung und haben diese dynamische Entwicklung verfolgt. In folgenden Abschnitten werden die zwei Themen anhand ausgewählter Ansätze, die zahlreich in der Literatur vorgestellt sind, kurz zusammengefasst [BS88], [BS93], [Bla99], [BS00].

3.1 Filter-Methodik für Objektverfolgung

Fahrerassistenzsysteme benötigen je nach Funktionsausprägung bestimmte Informationen der verfolgten Verkehrsteilnehmer, wie z.B. Position, Geschwindigkeit und/oder Beschleunigung, die als Zustände oder Zustandsgrößen eines Objektes[1] bezeichnet werden. Durch die Messverfahren bedingt können Sensoren manche Zustände allerdings oft nicht direkt messen. So misst z.B. der Radarsensor die polare Position (d_r, θ) eines Objektes. Fahrerassistenzsysteme nutzen hingegen meistens kartesische Koordinaten d_x, d_y. Es muss deshalb eine Methode gefunden werden, die die gewünschten Zustände aus den gemessenen Größen schätzen kann. Dem Problem der Zustandsschätzung liegt ein Problem der Wahrscheinlichkeitstheorie zu Grunde, weil die Zustände eines Fahrzeugs, wie z.B. seine Position auf einer Straße, nie 100-prozentig sicher vorherzusagen sind, sondern sich nur unter bestimmten Randbedingungen mit gewisser Wahrscheinlichkeit bestimmen lassen.

Wenn man die Zustandsschätzung über ihren zeitlichen Verlauf betrachtet,

---

[1] Ein Objekt bedeutet in dieser Arbeit einen Verkehrsteilnehmer, der vom Sensor des Fahrerassistenzsystems erfasst und kontinuierlich verfolgt wird.

kann sie wie in Abb. 3.1 dargestellt werden. Der Zustandsvektor X ist hier die Zusammensetzung aller zu schätzenden Zustände und der Messvektor Y die von Sensoren gemessenen Größen. Wie in der Darstellung bezeichnet, kann X oder Teile der Zustände von X nicht von Sensoren direkt gemessen werden, wie z.B. die kartesische Position dx, dy eines Fahrzeugs. Y ist hier z.B. die gemessene polare Position d_r, θ dieses Fahrzeugs. Die Fußnoten $k-1$ und k von X, Y sind die jeweiligen Zeitpunkte, wann Sensoren eine Messung aufnehmen. Wie dargestellt sind die aktuellen Zustände X_k am Zeitpunkt k nur von X_{k-1} am Zeitpunkt $k-1$. Y_{k-1} und Y_k sind die jeweiligen Beobachtungen von X an den entsprechenden Zeitpunkten. Die Beobachtungen sind nur abhängig von den Zuständen X des gleichen Zeitpunktes. Auf dieser Basis kann das Problem der Zustandsschätzung mit der bedingten Verteilungsfunktion $p(X_{0:k}|Y_{1:k})$ beschrieben werden, wobei $X_{0:k}$ alle Zustände und $Y_{1:k}$ alle Messgrößen über den gesamten Zeitverlauf bezeichnen. Davon sind X_0 die initialen Zustände des Fahrzeugs. Die Hauptaufgabe eines Filters ist, diese Verteilungsfunktion zu schätzen, um daraus Zustände an interessierenden Zeitpunkten, i.A. dem aktuellen Zeitpunkt, zu bestimmen. Dafür wurden zahlreiche Ansätze der Filter-Methodik, die in [BS93] zusammengefasst sind, vorgestellt. Einige der Bedeutendsten davon werden in den kommenden Unterabschnitten vorgestellt.

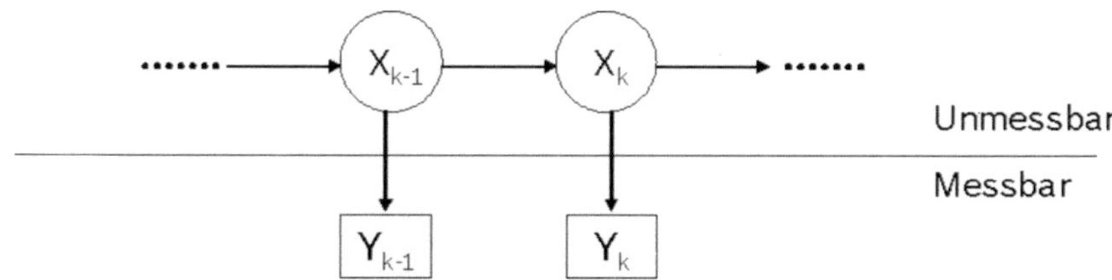

Abbildung 3.1: Zustandsschätzung.

3.1.1 Bayes'sches Filter

Das Bayes'sche Filter ist die Basis moderner Filter-Methodik und eine der ältesten Filter-Methodik. Der Grundstein des Bayes'schen Filters ist die von Thomas Bayes im Jahr 1763 vorgestellte Bayes-Gleichung

$$p(B|A) = \frac{p(A|B)p(B)}{p(A)}. \tag{3.1}$$

Gleichung (3.1) lässt sich für zwei Variable zu

$$p(B|x,y) = \frac{p(x|B,y)p(B|y)}{p(x|y)} \tag{3.2}$$

erweitern. Die bedingte Verteilungsfunktion der Zustandsschätzung lässt sich mit der Bayes-Gleichung umstellen zu

$$\begin{aligned} p(X_{0:k}|Y_{1:k}) &= p(X_{0:k}|Y_k, Y_{1:k-1}) \\ &= \frac{p(Y_k|X_{0:k},Y_{1:k-1})p(X_{0:k}|Y_{1:k-1})}{p(Y_k|Y_{1:k-1})}. \end{aligned} \tag{3.3}$$

Unter den Annahmen, dass die zeitliche Änderung der Zustände von X ein Markov-Prozess erster Ordnung [Nor98] ist,

$$p(X_k|X_{0:k-1}) = p(X_k|X_{k-1}), \tag{3.4}$$

und dass die Messgrößen eines Zeitpunkts nur abhängig von den Zuständen an demselben Zeitpunkt sind,

$$p(Y_k|X_{0:k}) = p(Y_k|X_k), \tag{3.5}$$

hat die Gleichung (3.3) folgende Form:

$$p(X_{0:k}|Y_{1:k}) = \frac{p(Y_k|X_k)p(X_{0:k}|Y_{1:k-1})}{p(Y_k|Y_{1:k-1})}. \tag{3.6}$$

Wenn wir die Verteilungsfunktion (3.6) über alle Zustände X der Vergangenheit integrieren, können wir die Verteilungsfunktion von X zum aktuellen Zeitpunkt bestimmen. Die Gleichung des Bayes'schen Filters ergibt sich zu

$$\begin{aligned} p(X_k|Y_{1:k}) &= \int p(X_{0:k}|Y_{1:k})dX_{0:k-1} \\ &= \frac{p(Y_k|X_k)}{p(Y_k|Y_{1:k-1})} \int p(X_{0:k}|Y_{1:k-1})dX_{0:k-1} \\ &= \frac{p(Y_k|X_k)}{p(Y_k|Y_{1:k-1})} \int p(X_k|X_{k-1})p(X_{k-1}|Y_{1:k-1})dX_{k-1} \end{aligned} \tag{3.7}$$

mit der Normierungskonstanten

$$p(Y_k|Y_{1:k-1}) = \int p(Y_k|X_k)p(X_k|Y_{1:k-1})dX_k. \tag{3.8}$$

Dabei bezeichnet $p(X_k|X_{k-1})$ die zeitliche Transition bzw. die zeitliche Fortsetzung der Zustände. $p(X_{k-1}|Y_{1:k-1})$ beinhaltet das gesamte Vorwissen aus der Vergangenheit des Systems und wird als a-priori-Wahrscheinlichkeit genannt. $p(Y_k|X_k)$ ist die sog. Likelihood-Funktion und beschreibt die Übereinstimmung der Beobachtung Y_k mit ihrem Ursprung X_k. Da sich in dieser Gleichung die aktuellen Zustände X_k allein aus Zuständen X_{k-1} des letzten Zeitpunktes und den aktuellen Messgrößen Y_k ermitteln lassen, wird diese Gleichung auch als rekursive Form des Bayes'schen Filters bezeichnet.

3.1.2 Kalman Filter

Obwohl das Bayes'sche Filter sich rekursiv berechnen lässt, ist es wegen der Integralfunktionen nicht geeignet für eine Implementierung auf dem Rechner oder Steuergerät. Deshalb wurde das Kalman Filter(KF) im Jahr 1960 von Kalman [Kal60] vorgestellt. Die Hauptidee des Kalman Filters ist, dass unter Annahme eines linearen Systems mit Gauß'schem Rauschen die optimale Zustandsschätzung im Sinne des minimalen durchschnittlichen quadratischen Fehlers[2] genau das erste Moment (sog. Erwartung) der bedingten Verteilungsfunktion ist. Diese kann mit der Gleichung

$$\hat{X}_k(Y_{1:k})_{MMSE} = E[X_k|Y_{1:k}] = \int X_k p(X_k|Y_{1:k})dX_k \tag{3.9}$$

beschrieben werden, wobei $\hat{X}_k(Y_{1:k})$ die optimale Lösung der Zustandschätzung i.S.d. MMSE in Abhängigkeit von allen Messgrößen ist.

Der schrittweise Ablauf eines Kalman Filters wird anhand eines Beispiels erklärt. Gegeben sei ein lineares Zustandsmodell mit der Systemgleichung

$$X_k = AX_{k-1} + v_k \tag{3.10}$$

und ein lineares Messmodell mit der Beobachtergleichung

$$Y_k = HX_k + n_k, \tag{3.11}$$

wobei A und H die Übertragungsmatrix des Systems, v_k das Systemrauschen und n_k das Messrauschen ist. v_k und n_k seien weißes Rauschen. Daraus kann die Erwartung der Zustände mit

$$\bar{X}_k = A\bar{X}_{k-1}, \tag{3.12}$$

$$\bar{Y}_k = H\bar{X}_k \tag{3.13}$$

bzw. das zweite Moment (sog. Varianz) der Zustände mit

$$P_k = AP_{k-1}A^T + Q_k, \tag{3.14}$$

$$Z_k = HP_kH^T + R_k \tag{3.15}$$

beschrieben werden. Dabei ist $\bar{X}$ und $\bar{Y}$ die Erwartung, P und Z die Kovarianz-Matrix der Zustände und der Messgröße, Q und R die Varianz-Matrix des System- und Messrauschens.

---

[2]MMSE: Minimum Mean Square Error

Das Kalman Filter lässt sich in zwei Schritte aufteilen: die Systemprädiktion und die Systemaktualisierung. In der Systemprädiktion wird eine Vorhersage über aktuelle Zustände und Messgrößen nach der Prädiktions-Gleichung auf der Basis der zuletzt geschätzten Zustände, die auch als a-priori-Information bezeichnet werden, gemacht. Die Prädiktions-Gleichung ist direkt aus der Gleichung (3.12) abgeleitet und lautet

$$\bar{X}_{k|k-1} = A\bar{X}_{k-1|k-1}, \tag{3.16}$$

$$\bar{Y}_{k|k-1} = H\bar{X}_{k|k-1}, \tag{3.17}$$

bzw.

$$P_{k|k-1} = AP_{k-1|k-1}A^T + Q_k, \tag{3.18}$$

$$Z_{k|k-1} = HP_{k|k-1}H^T. \tag{3.19}$$

Dabei sind $\bar{X}_{k|k-1}$, $\bar{Y}_{k|k-1}$, $P_{k|k-1}$ und $Z_{k|k-1}$ die vom Zeitpunkt $k-1$ auf k prädizierten Größen, $\bar{X}_{k-1|k-1}$ und $P_{k-1|k-1}$ die Größen vom Zeitpunkt $k-1$. In der Gleichung (3.19) wird die Varianz-Matrix R des Messrauschens abgezogen, weil bei der Prädiktion nur Informationen vom Systemmodell betrachtet werden. Nach Eingang aktueller Messgrößen Y_k wird aus der prädizierten Kovarianz-Matrix $P_{k|k-1}$ und der aktuellen Varianz-Matrix R_k die sogenannte Innovations-Kovarianz-Matrix S durch

$$S = HP_{k|k-1}H^T + R_k \tag{3.20}$$

berechnet. Aus $P_{k|k-1}$ und S bildet sich der sog. Kalman-Faktor K, der bestimmt, wie viel Information der aktuellen Messgrößen in die Zustandsschätzung eingeht. Die Gleichung für die Berechnung des Kalman-Faktors ist

$$K = P_{k|k-1}H^T S^{-1}. \tag{3.21}$$

Im Schritt zur Systemaktualisierung werden die vorhergesagten Zustände und die Kovarianz-Matrix mit aktuellen Messgrößen „korrigiert". Die resultierenden Zustände und die Kovarianz-Matrix ergeben sich mit der Gleichung

$$\bar{X}_{k|k} = \bar{X}_{k-1|k-1} + KV_k \tag{3.22}$$

$$P_{k|k} = P_{k|k-1} - KSK^T \tag{3.23}$$

mit V_k, der sog. Mess-zu-Präditionsabweichung, zu

$$V_k = Y_k - \bar{Y}_{k|k-1}. \tag{3.24}$$

Eine gute Einführung in das Kalman Filter findet sich in [Wel95].

3.1.3   Extended Kalman Filter

Unter der Annahme eines linearen Systems lassen sich die Zustände und die Kovarianz-Matrix durch das Kalman Filter einfach und rekursiv berechnen. Das macht das Kalman Filter besonders geeignet für den Einsatz auf Mikrocontrollern. Allerdings schließt diese Annahme den Einsatz des Kalman Filters für nicht-lineare Systeme aus. Um das Problem zu umgehen, wurden mehrere Erweiterungen des Kalman Filters entwickelt. Die Bekanntesten sind das Extended Kalman Filter (EKF), das Unscented Kalman Filter (UKF) und das Partikel-Filter (PF).

Das EKF ist eine geradlinige Erweiterung des Kalman Filters. Ausgegangen wird von einem nicht-linearen System mit der System- und Beobachtergleichung:

$$X_k = f(X_{k-1}, v_k), \tag{3.25}$$
$$Y_k = h(X_k, n_k). \tag{3.26}$$

Die Idee des EKF besteht darin, die nicht-lineare Funktion f und h durch die erste Ordnung ihrer Taylor-Approximation um die Zustände $\bar{X}_{k-1|k-1}$ bzw. $\bar{X}_{k|k-1}$ als Arbeitspunkte zu linearisieren. Damit lässt sich die Prädiktionsgleichung der Erwartung durch

$$\bar{X}_k = f(\bar{X}_{k-1}, 0) \tag{3.27}$$
$$\bar{Y}_k = h(\bar{X}_k, 0) \tag{3.28}$$

und der Kovarianz-Matrix durch

$$P_{k|k-1} = F_k P_{k-1|k-1} F_k^T + Q_k \tag{3.29}$$
$$Z_{k|k-1} = H_k P_{k-1|k-1} H_k^T \tag{3.30}$$

darstellen, wobei F_k und H_k die Jacobi-Matrizen der Übertragungsfunktionen f und h sind:

$$F_k = \left[\frac{\partial f(X_{k-1})}{\partial X_{k-1}} \right]_{\bar{X}_{k-1|k-1}}, \tag{3.31}$$
$$H_k = \left[\frac{\partial h(X_k)}{\partial X_k} \right]_{\bar{X}_{k|k-1}}. \tag{3.32}$$

Die Gleichung für die Systemaktualisierung lässt sich analog zu der

Prädiktions-Gleichung aus dem Kalman Filter herleiten:

$$S = H_k P_{k|k-1} H_k^T + R_k, \tag{3.33}$$

$$K = P_{k|k-1} H_k^T S^{-1}, \tag{3.34}$$

$$\bar{X}_{k|k} = \bar{X}_{k-1|k-1} + K(Y_k - Y_{k|k-1}), \tag{3.35}$$

$$P_{k|k} = P_{k|k-1} - KSK^T. \tag{3.36}$$

Das EKF eignet sich besonders gut für leicht nicht-lineare Probleme, wie z.B. Transformation zwischen kartesischen und polaren Größen, und hat bei vielen Problemlösungen seine Anwendung gefunden [Cor91], [May96].

3.1.4 Unscented Kalman Filter

Das Unscented Kalman Filter (UKF) behandelt ebenfalls das nicht-lineare Problem [Jul95]. Anders als beim EKF, bei dem die nicht-linearen Funktionen f und h durch ihre Taylor-Approximation erster Ordnung linearisiert werden, wird im UKF direkt die Verteilung der Zustände anstelle der Funktionen behandelt. In UKF wird die Verteilung der Zustände X_{k-1} durch symmetrisch ausgewählte Zustandsproben χ (sog. Sigma-Punkte) approximiert. Die Anzahl der Zustandsproben N ist durch die Dimension n der Zustände X festgelegt:

$$N = 2n + 1. \tag{3.37}$$

Diese Zustandsproben werden dann durch die Nichtlinearität (3.25) propagiert und stellen nun die Verteilung der Zustände $X_{k|k-1}$ dar. Durch die Funktion des Beobachtermodells (3.26) werden die Zustandsproben vom Systemraum in den Beobachterraum transformiert und bilden dort die Verteilung der Zustände $Y_{k|k-1}$ ab. Durch Vergleich von $Y_{k|k-1}$ mit den aktuellen Messgrößen Y_k werden die Erwartung und die Kovarianz-Matrix der Zustände $X_{k|k}$ berechnet. Die Zustandsproben berechnen sich nach der Gleichung

$$\chi_{i,k-1} = \begin{cases} \bar{X}_{k-1}, & i = 0 \\ \bar{X}_{k-1} + (\sqrt{(n+\lambda)P_{k-1}})_i, & i = 1, ..., n \\ \bar{X}_{k-1} - (\sqrt{(n+\lambda)P_{k-1}})_{i-n}, & i = n+1, ..., 2n \end{cases}, \tag{3.38}$$

mit Gewichtungsfaktoren

$$w_i^s = \begin{cases} \frac{\lambda}{n+\lambda} & i = 0 \\ \frac{1}{2(n+\lambda)} & i = 1, ..., 2n \end{cases}, \tag{3.39}$$

$$w_i^c = \begin{cases} \frac{\lambda}{n+\lambda} + (1 - \alpha^2 + \beta) & i = 0 \\ w_i^s & i = 1, ..., 2n \end{cases}, \tag{3.40}$$

und

$$\lambda = \alpha^2(n + \kappa) - n. \tag{3.41}$$

Dabei ist $(\sqrt{(n+\lambda)P_{k-1}})_i$ die i-te Spalte oder Zeile der Matrix-Wurzel von $(n+\lambda)P_{k-1}$. Die Parameter α, β und κ können nach der Bedingung $0 \leq \alpha \leq 1$, $\beta \geq 0$ und $\kappa \geq 0$ frei gewählt werden. Durch Variierung dieser Parameter kann eine Optimierung der Darstellung von der Nichtlinearität erlangt werden. In [Jul02] wurde eine optimale Parametrisierung vom UKF untersucht.

Die Zustandsproben werden nun nach Gleichung 3.25 propagiert:

$$\chi_{i,k|k-1} = f(\chi_{i,k-1}). \tag{3.42}$$

Daraus lassen sich die Erwartung und die Kovarianz-Matrix von X ableiten:

$$\bar{X}_{k|k-1} = \sum_{i=0}^{2n} w_i^s \chi_{i,k|k-1}, \tag{3.43}$$

$$P_{k|k-1} = \sum_{i=0}^{2n} w_i^c (\chi_{i,k|k-1} - \bar{X}_{k|k-1})(\chi_{i,k|k-1} - \bar{X}_{k|k-1})^T. \tag{3.44}$$

Die mit dieser Methode geschätzten Zustände und die Kovarianz-Matrix erreichen eine Genauigkeit bis zur zweiten Ordnung der Taylor-Approximation jedes nicht-linearen Systems, bei normal verteilten Zuständen X sogar bis zur dritten Ordnung. Eine vollständige Darstellung der Gleichung des UKF findet sich in [Jul00].

3.1.5 Partikel-Filter

EKF und UKF bieten zwar erste Lösungen für das nicht-lineare Problem. Ein Restfehler muss aber in Kauf genommen werden. Die größte Schwierigkeit für eine optimale Lösung der Gleichung 3.8 bilden die Integrale über eine beliebige Verteilungsfunktion von X. Einige Algorithmen gehen direkt auf dieses Problem ein und versuchen, die Integrale numerisch zu berechnen. Die Bekanntesten davon sind *Gaussian Sum Filter*, *Grid-based Filter* und Partikel-Filter (PF). In *Gaussian Sum Filter* wird eine beliebige Verteilungsfunktion durch eine Summe vieler Normal-Verteilungen approximiert

[Als72]. Beim *Grid-based Filter* wird der Zustandsraum von X in diskrete, gleich große Zellen aufgeteilt [Aru02]. Für jede Zelle wird eine Belegungswahrscheinlichkeit berechnet und daraus kann eine optimale Position von X innerhalb des Zustandsraums abgeleitet werden. Das Partikel-Filter basiert auf der Monte Carlo-Methode, die theoretisch eine asymptotisch optimale Lösung der Gleichung 3.8 darstellt [Aru02], [Ver05]. Ähnlich wie beim UKF approximiert das Partikel-Filter die Verteilungsfunktion von X durch ausgewählte Zustandsproben (sog. Partikel). Die beiden Filter unterscheiden sich allerdings durch Anzahl und Auswahl der Partikel. Beim UKF handelt es sich um eine Approximation zweiter Ordnung der Nichtlinearität. Daher werden nur $2n + 1$ (siehe Gleichung (3.38)) Partikel, die sich symmetrisch zum Erwartungswert von X verteilen, ausgewählt, wobei n die Dimension des Zustandsvektors X ist. Das Partikel-Filter approximiert stattdessen die Nichtlinearität vollständig durch eine große Anzahl von Partikeln. Je mehr Partikel ausgewählt werden, umso genauer ist die Approximation der optimalen Lösung. Es gibt mehrere Methoden beim PF für die Auswahl der Partikel. Eine weit verbreitete ist das *Sampling Importance Resampling* (SIR). Das SIR wählt die Partikel direkt entsprechend der Verteilungsdichte aus. Der Ablauf von SIR wird unten kurz zusammengefasst.

Ausgegangen von einer a-priori-Verteilung von X an den Zeitpunkt k-1:

$$p(X_{k-1}|Y_{1:k-1}) \approx \sum_{i=1}^{N_s} w_{i,k-1}\delta(X_{k-1} - X_{i,k-1}), \tag{3.45}$$

wobei $X_{i,k-1}$ ein Partikel zum Zeitpunkt k-1 und $\mathbf{w}_{i,k-1}$ die normierten Gewichte dieses Partikels sind. Nach der Monte Carlo-Methode lässt sich die Erwartung einer beliebigen Funktion $f(X)$ wie unten

$$\begin{aligned} E[f(X)] &= \int f(X)p(X)dX = \int f(X)\frac{p(X)}{q(X)}q(X)dX \\ &\approx \frac{1}{N_s} \sum_{i=1}^{N_s} w_i f(X_i) \end{aligned} \tag{3.46}$$

darstellen. Dabei ist $q(X)$ die sog. *Importance Density* oder *Proposal Distribution*, nach der die Partikel propagiert werden. Der Faktor w ergibt sich aus der Quote $\frac{p(X)}{q(X)}$ und stellt die Gewichte der Partikel dar. Wenn man die Partikel $X_{i,k-1}$ in die Gleichung für $q(X)$ einsetzt, lässt sich die aktuelle Verteilung von X entsprechend

$$X_{i,k-1} \rightarrow X_{i,k} \sim q(X_k|X_{k-1}, Y_{1:k}) \tag{3.47}$$

$$p(X_k|Y1:k) \approx \sum_{i=1}^{N_s} w_{i,k}\delta(X_k - X_{i,k-1}) \tag{3.48}$$

darstellen. Die aktuelle Gewichte $w_{i,k}$ der Partikel berechnen sich aus der Aktualisierung mit den aktuellen Messwerten:

$$w_{i,k} = \frac{p(Y_k|X_{i,k})p(X_{i,k}|X_{i,k-1})}{q(X_{i,k}|X_{i,k-1},Y_{1:k})} w_{i,k-1}. \tag{3.49}$$

Daraus können die aktuelle Erwartung und die Kovarianz-Matrix von X wie

$$\bar{X}_{k|k} = E[X_k|Y_{1:k}] \approx \sum_{i=1}^{N_s} w_{i,k}X_{i,k} \tag{3.50}$$

$$P_{k|k} \approx \sum_{i=1}^{N_s} w_{i,k}(X_{i,k} - \bar{X}_{k|k})(X_{i,k} - \bar{X}_{k|k})^T \tag{3.51}$$

berechnet werden.

In [vdM00] wurden verschiedene Ansätze von PF vorgestellt. Das PF kann zwar eine optimale Lösung der Zustandsschätzung anbieten, braucht aber dafür eine große Menge von Speichern und Rechenleistung, insbesondere für Systeme mit Dimensionen über 3.

3.1.6   Adaptives Kalman Filter

In den letzten Unterabschnitten wird Filter-Methodik für lineare und nicht-lineare Systeme diskutiert. Dabei spielt die Systemgleichung $f(X_k, v_k)$ eine wichtige Rolle. Die Systemgleichung beschreibt das Propagieren der Zustände X von einem Zeitpunkt auf einen anderen Zeitpunkt in der Vergangenheit oder Zukunft. Da sich FAS hauptsächlich für die Bewegung eines Fahrzeugs auf Straßen interessieren, stellt die Systemgleichung bestimmte Bewegungs-modelle der Fahrzeuge dar. Die typischen Bewegungsmodelle der Fahrzeu-ge auf Straßen sind z.B. das Modell für konstante Beschleunigung (CA)[3], das die Geradeaus-Bewegung der Fahrzeuge ausreichend genau beschreibt, und das Modell für konstante Giergeschwindigkeit (CT)[4], das die Kurven-fahrt der Fahrzeuge gut darstellt. Das ebenfalls weit verbreitete Modell für konstante Geschwindigkeit (CV)[5] liefert generell eine glatte Schätzung der Geschwindigkeit. Allerdings wird es hier nicht näher betrachtet, weil zukünf-tige FAS immer stärker auf die Beschleunigung der Fahrzeuge zugreifen, um eine frühere Reaktion auf veränderte Fahrzeugbewegungen zu ermöglichen. Mit dem CV-Modell geht die dafür wichtige Beschleunigungsinformation teilweise verloren.

---

[3]CA: Constant Acceleration
[4]CT: Coordinate Turn
[5]CV: Constant Velocity

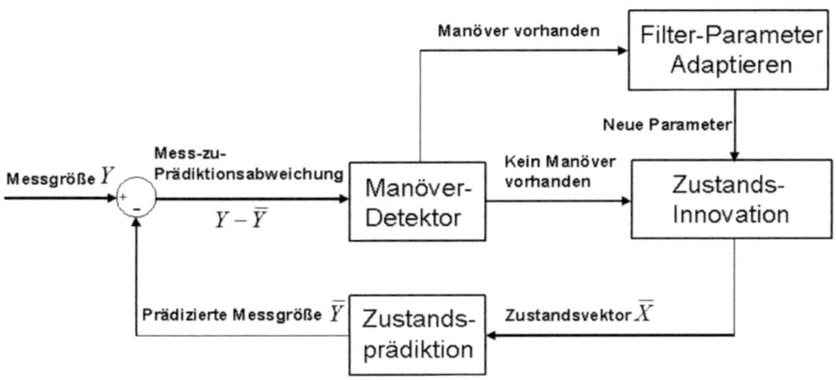

Abbildung 3.2: Adaptives Kalman Filter mit Manöver-Adaptivität.

In der Systemgleichung $f(X, v)$ wird das Systemrauschen v_k zur Modellierung der Systemunsicherheit eingeführt. Bei FAS leitet sich die Systemunsicherheit vor allem von der maximalen dynamischen Grenze ab, die in einem Bewegungsmodell zu erwarten ist. Dies ist z.B. bei dem CA-Modell der maximal zu erwartende Ruck eines Fahrzeugs. Diese dynamische Grenze ist einer der wichtigen Parameter für die Objektverfolgung, deren Auswahl die Ergebnisse der Zustandsschätzung entscheidend bestimmt. Eine groß gewählte dynamische Grenze kann zwar alle möglichen Manöver eines Fahrzeugs in dem realen Verkehr abdecken, führt aber zu einer geringeren Glättung der Schätzung und stärkerem Vertrauen in die Messung. Eine klein gewählte dynamische Grenze beruhigt dagegen die Zustandsschätzung, kann aber dem realen Manöver nicht immer folgen. Daher wurden in der Literatur verschiedene Methoden zur Verfolgung von Objektmanövern vorgeschlagen [Far85], [BS82], [ZD03]. Eine Zusammenfassung der Methoden findet man in [Bla99], [BS93]. Die Hauptidee dieser Methoden ist durch einen sog. Manöver-Detektor das hypothetische Manöver eines Fahrzeugs zu erkennen und dann das Filter entsprechend anzupassen (Abb. 3.2).

In [Far85] wird das Manöver durch Beobachtung der Mess-zu-Prädiktionsabweichung erkannt. Aus der Mess-zu-Prädiktionsabweichung wird ein adaptiver Teil des Systemrauschens berechnet und auf das aktuelle Systemrauschen addiert. In [BS82] wurde die Dimension des Zustandsvektors X je nach Objektmanöver adaptiv angepasst. Da bei der adaptiven Dimensions-Anpassung Messwerte der nahen Vergangenheit zur Reinitialisierung des Systems gespeichert werden müssen, ist die adaptive Anpassung des Systemrauschens vergleichsweise einfach zu realisieren.

3.1.7 Interacting Multiple Model Filter

In der realen Welt bewegt sich ein Fahrzeug oft nicht nur entsprechend eines bestimmten Bewegungsmodells, sondern entsprechend einer Kombination verschiedener Bewegungsmodelle. Eine Beschleunigung während einer Kurvenfahrt ist z.B. eine Kombination von dem CA- und CT-Modell. Um solche Manöver genau zu beschreiben, muss die Systemgleichung $f(X, v)$ situationsbedingt zwischen diesen Bewegungsmodellen variieren können. Eine einfache Lösung dafür ist das sog. Parallel-Modell-System. In [BS93] wurden verschiedene Methoden des Parallel-Modell-Systems vorgestellt. Davon ist das *Interacting Multiple Model Filter* (IMMF) am weitesten verbreitet. Die Hauptidee des IMMF ist, dass mehrere Filter mit unterschiedlichen Bewegungsmodellen parallel im System laufen. Die Systemzustände werden durch jedes dieser Filter auf gleicher Informationsbasis geschätzt. Durch die vom Manöver abhängige Kombination der geschätzten Zustände der jeweiligen Modelle werden die Systemzustände immer optimal an die Manöver angepasst, sofern die Manöver noch durch die gewählten Bewegungsmodelle darstellbar sind.

Die Kernparameter des IMMF sind die sog. Modellwahrscheinlichkeit μ_i, die Wahrscheinlichkeit für die Modellmischung $\mu_{i|j}$ und Modell-Übergangswahrscheinlichkeit p_{ij}. Die Modellwahrscheinlichkeit μ_i beschreibt, wie wahrscheinlich sich das verfolgte Fahrzeug gerade in dem Bewegungsmodell M_i bewegt. Die Wahrscheinlichkeit für die Modellmischung $\mu_{i|j}$ bezeichnet die Wahrscheinlichkeit, dass die aktuellen Zustände des Bewegungsmodells M_j am letzten Zeitpunkt doch im Bewegungsmodell M_i waren. Die Modell-Übergangswahrscheinlichkeit p_{ij} kennzeichnet die Wahrscheinlichkeit, dass die aktuellen Zustände des Bewegungsmodells M_i zum nächsten Zeitpunkt ins Bewegungsmodell M_j übergehen werden.

Der Ablauf des IMMF wird anhand folgenden Beispiels erklärt. Gegeben sei ein IMMF mit zwei Kalman Filtern, die unterschiedliche Bewegungsmodelle besitzen. Zum letzten Zeitpunkt $k - 1$ wurden die Erwartung und die Kovarianz-Matrix der Zustände $X_i(k - 1)$ und die Modellwahrscheinlichkeit $\mu_i(k - 1)$ des Bewegungsmodells M_i berechnet. Zum aktuellen Zeitpunkt k werden alle Zustände $X(k - 1)$ der Bewegungsmodelle zusammengemischt und neue Eingangszustände für jedes Bewegungsmodell aus dieser Mischung abgeleitet. Dieser Schritt ist das sog. *Initial Condition Mixing*. Zuerst werden die Modell-Mischwahrscheinlichkeiten aller Bewegungsmodelle nach ihrer Definition

$$
\begin{aligned}
\mu_{i|j}(k-1|k-1) &= p(M_i(k-1)|M_j(k), Y_{1:k-1}) \\
&= \tfrac{1}{c_j} p(M_j(k)|M_i(k-1), Y_{1:k-1}) p(M_i(k-1)|Y_{1:k-1}) \\
&= \tfrac{1}{c_j} p_{ij}\mu_i(k-1)
\end{aligned}
\tag{3.52}
$$

berechnet, mit dem Normierungsfaktor:

$$
c_j = \sum_{i=1}^{2} p_{ij}\mu_i(k-1).
\tag{3.53}
$$

Daraus lassen sich die neuen Eingangszustände $\bar{X}_{0j}(k-1|k-1)$ und die Kovarianz-Matrix $P_{0j}(k-1|k-1)$ eines Bewegungsmodells M_j wie

$$
\bar{X}_{0j}(k-1|k-1) = \sum_{i=1}^{2} \bar{X}_i(k-1|k-1)\mu_{i|j}(k-1|k-1)
\tag{3.54}
$$

$$
\begin{aligned}
P_{0j}(k-1|k-1) = \sum_{i=1}^{2} \mu_{i|j}(k-1|k-1)\{&P_i(k-1|k-1) \\
+[\bar{X}_i(k-1|k-1) &- \bar{X}_{0j}(k-1|k-1)] \\
\cdot[\bar{X}_i(k-1|k-1) &- \bar{X}_{0j}(k-1|k-1)]^T\}
\end{aligned}
\tag{3.55}
$$

ableiten. Diese Eingangszustände werden anschließend in den jeweiligen Kalman Filtern prädiziert und mit aktuellen Messwerten aktualisiert (siehe Abschnitt 3.1.2). Die aktuelle Modellwahrscheinlichkeit eines Modells M_j zum Zeitpunkt k kann nach der Bayes'schen Gleichung bestimmt werden:

$$
\begin{aligned}
\mu_j(k) &= p(M_j(k)|Y_{1:k}) = p(M_j(k)|Y_k, Y_{1:k-1}) \\
&= \frac{p(Y_k|M_j(k), Y_{1:k-1})p(M_j(k)|Y_{1:k-1})}{p(Y_k|Y_{1:k-1})} \\
&= \frac{p(Y_k|M_j(k), Y_{1:k-1})p(M_j(k)|Y_{1:k-1})}{\sum_{i=1}^{2} p(Y_k|M_i(k), Y_{1:k-1})p(M_j(k)|Y_{1:k-1})}.
\end{aligned}
\tag{3.56}
$$

Dabei ist $p(Y_k|M_j(k), Y_{1:k-1})$ die sog. Likelihood-Funktion und beschreibt, wie gut das Modell M_j durch die Messwerte bestätigt wird. Die Likelihood-Funktion stellt unter den Annahmen des Kalman Filters eine Normalverteilung dar:

$$
p(Y_k|M_j(k), Y_{1:k-1}) = N[X_j(k|k-1); Y_k, S_j(k)].
\tag{3.57}
$$

Dabei ist $S_j(k)$ die in (3.20) beschriebene Innovations-Kovarianz-Matrix.

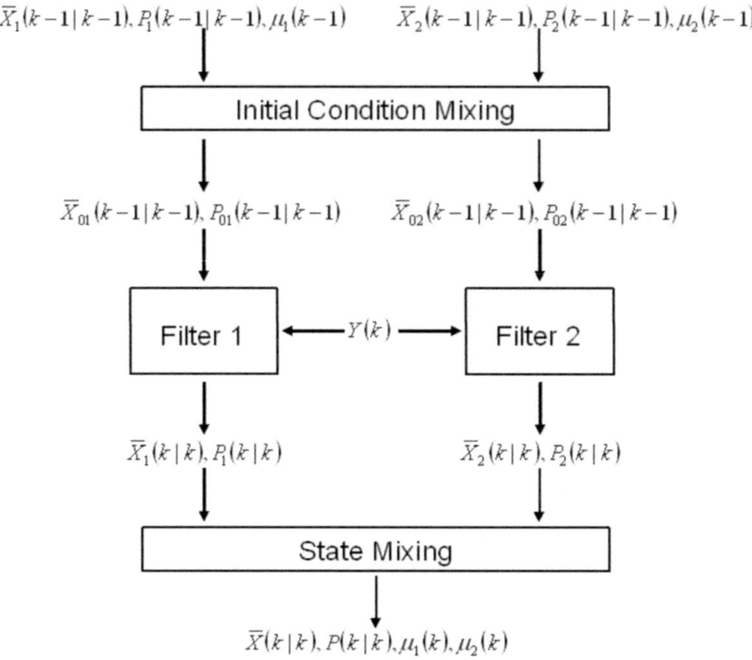

Abbildung 3.3: Interacting Multiple Model Filter.

Der Anteil $p(M_j(k)|Y_{1:k-1})$ in (3.56) bezeichnet die erwartende Modell-wahrscheinlichkeit von Modell M_j zum Zeitpunkt k auf Basis der a-priori-Information und lässt sich mit Hilfe von einem Markov-Prozess mit

$$p(M_j(k)|Y_{1:k-1}) = \sum_{i=1}^{2} p_{ij}\mu_i(k-1) \tag{3.58}$$

darstellen. Setzen wir (3.57) und (3.58) in (3.56) ein, so ergibt sich

$$\mu_j(k) = \frac{1}{C}p(Y_k|M_j(k),Y_{1:k-1}) \sum_{i=1}^{2} p_{ij}\mu_i(k-1), \tag{3.59}$$

wobei C der Normierungsfaktor ist. Kombinieren wir jetzt die geschätzten Zustände und Kovarianz-Matrizen der jeweiligen Filter abhängig von ihren Modellwahrscheinlichkeiten, so ergeben sich die resultierenden Systemzustände und die Kovarianz-Matrix zu

$$\bar{X}(k|k) = \sum_{j=1}^{2} \bar{X}_j(k|k)\mu_j(k), \tag{3.60}$$

$$\begin{aligned} P(k|k) = \sum_{j=1}^{2} \mu_j(k)\{P_j(k|k) \\ +[\bar{X}_j(k|k) - \bar{X}(k|k)] \cdot [\bar{X}_j(k|k) - \bar{X}(k|k)]^T\}. \end{aligned} \tag{3.61}$$

Die oben beschriebenen Prozesse des IMMF sind in Abb. 3.3 veranschaulicht.

Das IMMF lässt sich einfach und flexibel mit anderen Filtern (hier im Beispiel mit einem Kalman Filter) kombinieren [Blo88]. Ausgezeichnet von der guten Bedienbarkeit, hohen Robustheit und Flexibilität wurden IMMF bei vielen unterschiedlichen Anwendungen der Objektverfolgung erfolgreich eingesetzt [Kae04], [KW04], [Liu08].

3.2 Assoziationsverfahren für Objektverfolgung

Wie am Beginn des Kapitels erwähnt, ist die Assoziation eine der Grundsteine der Objektverfolgung. Im realen Verkehr fahren oft mehrere Fahrzeuge auf der selben Straße, deren Informationen von Sensoren des Eigenfahrzeugs wahrgenommen wurden. Es müssen nun die Informationen eines Fahrzeugs der realen Welt korrekt zu einem Objekt in der Modellwelt zugeordnet werden, damit das in der Objektverfolgung beschriebene Umfeld tatsächlich die Realität wiedergibt. Diese Aufgabe wird von der Assoziation übernommen.

Ein wichtiger Begriff der Assoziation ist das sog. *Gating*. Dabei handelt es sich um eine Vorauswahl der Messdaten. Um die prädizierten Messzustände $\bar{Y}_{k|k-1}$ (3.17) eines verfolgten Objekts herum wird ein Suchbereich (sog. *validation region* oder *gate*) innerhalb des Zustandsraums aufgespannt. Dieser Suchbereich markiert einen Aufenthaltsraum, in dem die zu diesem Objekt gehörigen Messdaten mit hoher Wahrscheinlichkeit zu finden sind. Um die Größe des Suchbereichs bestimmen zu können, muss die Zugehörigkeit der Messdaten zu einem Objekt skaliert darstellbar sein. Dafür wird ein Abstandsmaß in die Assoziation eingeführt. Das Abstandsmaß bezeichnet, wie weit die realen Messdaten von den prädizierten Messzuständen des Objekts entfernt liegen. Es gibt mehrere Möglichkeiten dieses Abstandsmaß zu berechnen. Da der Messzustandsvektor Y meistens multidimensional und multivariat verteilt ist, bietet sich der Mahalanobis-Abstand

$$d(Y_k, \bar{Y}_{k|k-1}) = \sqrt{V_k^T S_k^{-1} V_k} \qquad (3.62)$$

als geeignetes Abstandsmaß an. Dabei bezeichnet $V_k = Y_k - \bar{Y}_{k|k-1}$ (3.24) das Residuum oder die Mess-zu-Prädiktionsabweichung. $S_k = H P_{k|k-1} H^T + R_k$ ist die sog. Innovations-Kovarianz-Matrix. Die Größe des Suchbereichs kann daraus mit Hilfe einer *chi-square*-Verteilung

$$P_G = P(Y_k : d^2(Y_k, \bar{Y}_{k|k-1}) \leq \gamma) = \chi^2(\gamma) \qquad (3.63)$$

bestimmt werden. Dabei legt der Schwellwert γ fest, wie weit die Messdaten maximal von den prädizierten Messzuständen des Objekts entfernt sein dürfen, um noch zu der Betrachtung der Datenzuordnung für dieses Objekt kommen zu können. P_G ist die sog. *gate*-Wahrscheinlichkeit, mit der die Messdaten des betrachteten Objekts im Suchbereich liegen. Aus der gesamten Datenmenge werden nun die Messdaten, die in diesem Suchbereich liegen, ausgewählt und der Rest der Daten wird für die Datenzuordnung dieses Objekts ausgeschlossen. Dadurch wird die zu bearbeitende Datenmenge der Datenzuordnung deutlich verkleinert und die Zeitdauer der Datenzuordnung wird wesentlich kürzer.

Eine Herausforderung für die Assoziation bildet die Behandlung der systematischen Messfehler der Sensoren. Auf den Straßen kommen bei vielen Sensoren immer wieder Situationen vor, in denen die Messfehler der Sensoren nicht nur weißes Rauschen, sondern auch einen zeitlich korrelierten Anteil beinhalten. Solche Situationen sind z.B. bei Radarsensoren die Reflexwanderung und die Nebenkeuleneffekte. Diese zeitlich korrelierten Messfehler müssen in der Objektverfolgung modelliert und kompensiert werden. Maßnahmen gegen diese Messfehler werden hier als Messdatenkorrektur bezeichnet und in Kapitel 4 zusammen mit der eingesetzten Objektverfolgung vorgestellt. In den folgenden Abschnitten werden einige klassische Methoden der Assoziation diskutiert.

3.2.1 Nearest Neighbor-Verfahren

Das *Nearest Neighbor* (NN)-Verfahren ist eine der einfachsten Methoden zur Datenzuordnung. Es werden genau die Messdaten, die innerhalb des Suchbereichs am nächsten zu den prädizierten Messzuständen liegen, zum Objekt für die Zustandsaktualisierung zugeordnet. Eine Erweiterung des

NN-Verfahrens ist das *Global Nearest Neighbor* (GNN)-Verfahren mit dem
Auction Algorithm (AA). Dabei wird statt einer lokal optimalen Assoziation für ein einzelnes Objekt ein globales Optimum der Assoziation von
allen Objekten und Messdaten gesucht [Bla99]. Ein Nachteil des NN- bzw.
GNN-Verfahrens ist, dass keine Wahrscheinlichkeit für den Fall einer Fehlassoziation berücksichtigt wird. Bei zeitlich korrelierten Messfehlern kann
es somit zu einer systematischen Fehlassoziation führen [BS88].

3.2.2 Assoziation des Multiple Hypothesis Tracking-Verfahrens

Das *Multiple Hypothesis Tracking* (MHT)-Verfahren ist eine messdaten-
orientierte Methode [Rei79]. Für neu kommende Messdaten werden drei
Wahrscheinlichkeiten betrachtet: 1. Diese Messdaten gehört zu einem verfolgten Objekt; 2. Diese Messdaten stellen ein neues Objekt für die Objektverfolgung dar; 3. Sie entstammen einer Fehlmessung. Jede Möglichkeit wird
bewertet und weiter verfolgt. Dadurch stellt das MHT-Verfahren eine optimale Lösung i.S.d. Vollständigkeit für die Assoziation dar. Allerdings steigt
die Anzahl der Möglichkeiten mit der Zeit im ungünstigen Fall exponentiell und damit auch der Rechenaufwand [Bla99]. Um den Rechenaufwand zu
verringern, wurden einige Techniken für das MHT-Verfahren entwickelt, wie
z.B. *Cluster Creation*, wobei die nahe liegenden Messdaten als eine Einheit
innerhalb der Assoziation behandelt werden, oder *Hypothesis Reduction*,
wobei am Ende jedes Zyklus unwahrscheinliche Möglichkeiten (sog. Hypo-
thesen) gelöscht und ähnliche Möglichkeiten verschmolzen werden.

3.2.3 Probabilistic Data Association-Verfahren

Das *Probabilistic Data Association* (PDA)-Verfahren ist ein wichtiger Ver-
treter der sog. *soft decision*-Klasse. Bei dieser Klasse werden einzelne Messdaten nicht fest zu einem Objekt zugeordnet wie bei dem NN-, GNN- und
MHT-Verfahren. Es wird für alle im Suchbereich eines Objekts befindli-
chen Messdaten eine Assoziations-Wahrscheinlichkeit (*association probabi-
lity*) berechnet. Die prädizierten Zustände des Objekts werden dann mit
einer Mischung der Messdaten aktualisiert. Diese Mischung ist eine ge-
wichtete Kombination der einzelnen Messinformationen entsprechend ihrer Assoziations-Wahrscheinlichkeit. Bei der Berechnung der Assoziations-
Wahrscheinlichkeit wird die Wahrscheinlichkeit einer Fehlmessung ebenfalls berücksichtigt. Dadurch eignet sich das PDA-Verfahren besonders für

die Objektverfolgung beim Auftreten von häufigen Fehlmessungen [BS00], [YBS05].

Vorausgesetzt sind in dem PDA-Verfahren zwei Annahmen: Es gibt nur ein einziges Objekt zu verfolgen; das Objekt kann maximal nur einen Messdatensatz erzeugen. Daraus können die Ereignisse wie unten formuliert werden:

$$\vartheta_i \triangleq \{\text{Messdaten } Y_{i,k} \text{ stammen vom Objekt}\}$$
$$\vartheta_0 \triangleq \{\text{Keine Messdaten in } Y_k \text{ stammen vom Objekt}\} ,$$
$$i = 1, ..., m_k \tag{3.64}$$

wobei m_k die Anzahl der relevanten Messdaten im Zyklus k ist. Die Assoziations-Wahrscheinlichkeit ist nun definiert als

$$p_i = p(\vartheta_i | Y_{1:k}), \ i = 0, ..., m_k , \tag{3.65}$$

mit

$$\sum_{i=0}^{m_k} p_i = 1. \tag{3.66}$$

Laut *Blackman* und *Popoli* [Bla99] lässt sich die Assoziations-Wahrscheinlichkeit normal verteilter Zustände mit

$$\begin{aligned}
p_0' &= \beta^{m_k}(1 - P_D P_G) \\
p_i' &= \frac{\beta^{m_k-1} P_D e^{-d^2/2}}{(2\pi)^{M/2}\sqrt{|S_i|}}, \quad i = 1, ..., m_k \\
p_i &= \frac{p_i'}{\sum_{i=0}^{m_k} p_i'}, \quad\quad\quad i = 0, ..., m_k
\end{aligned} \tag{3.67}$$

berechnen. Dabei ist β die Fehlmessdichte, P_D die Mess-Wahrscheinlichkeit, P_G die *gate*-Wahrscheinlichkeit, d der Mahalanobis-Abstand, M die Dimension der Objektzustände und S die Innovations-Kovarianz-Matrix.

Für die Zustandsaktualisierung nach dem KF-Methodik (Abschnitt 3.1.2) wird nun die Mess-zu-Prädiktionsabweichung aus einer gewichteten Mischung einzelner Messdaten mit

$$\bar{V}_k = \sum_{i=1}^{m_k} p_i V_{i,k} \tag{3.68}$$

berechnet. Damit ergibt sich die Zustandsaktualisierung zu

$$\bar{X}_{k|k} = \bar{X}_{k|k-1} + K\bar{V}_k, \tag{3.69}$$

$$P_{k|k} = P^0_{k|k} + dP_k, \tag{3.70}$$

$$P^0_{k|k} = p_0 P_{k|k-1} + (1 - p_0)P^*_{k|k}, \tag{3.71}$$

$$dP_k = K[\sum_{i=1}^{m_k} p_i V_{i,k} V_{i,k}^T - \bar{V}_k \bar{V}_k^T]K^T, \tag{3.72}$$

$$P^*_{k|k} = [I - KH]P_{k|k-1}. \tag{3.73}$$

Ergebnisse der Einziel-Situationen haben gezeigt, dass mit dem PDA-Verfahren deutlich weniger Objektverluste bei starken Fehlmessungen im Vergleich mit dem NN- und GNN-Verfahren zu beobachten sind [Joh87].

3.2.4 Joint Probabilistic Data Association-Verfahren

Das *Joint Probabilistic Data Association* (JPDA)-Verfahren ist eine Erweiterung des PDA-Verfahrens zur Behandlung der Mehrziel-Situation. Bei mehreren, dicht nebeneinander stehenden Objekten kann es zu korreliertem Messrauschen der Messdaten kommen. Dadurch ist die Annahme des PDA-Verfahrens, eine unkorrelierte Datenzuordnung, in dieser Situation nicht mehr gültig. Das JPDA-Verfahren berücksichtigt alle möglichen Zuordnungsmöglichkeiten zwischen Messdaten und Objekten und löst damit das Problem der Korrelation. Das Vorgehen des JPDA-Verfahrens wird unten mit einem Beispiel erläutert.

Gegeben sei eine Situation mit zwei dicht benachbarten Objekten O_1 und O_2 (siehe Abb. 3.4). In den Suchbereichen S_1 und S_2 der Objekte befinden sich drei Messdaten: M_1, M_2 und M_3, wobei die Messdaten M_3 sowohl in den Suchbereich von O_1 als auch von O_2 liegt. Unter den Annahmen, dass eine eindeutige Zuordnung von reellen Objekten und Messdaten vorliegt, lassen sich die vollständigen Zuordnungsmöglichkeiten entsprechend Tabelle 3.1 auflisten. Es gibt in diesem Fall insgesamt 8 Zuordnungsmöglichkeiten Z.

Nach der Gleichung (3.67) des PDA-Verfahrens kann eine Wahrscheinlichkeit $p(Z_i)$ für jede Zuordnungsmöglichkeit berechnet und anschließend normiert werden. Die Assoziations-Ereignisse und -Wahrscheinlichkeiten sind

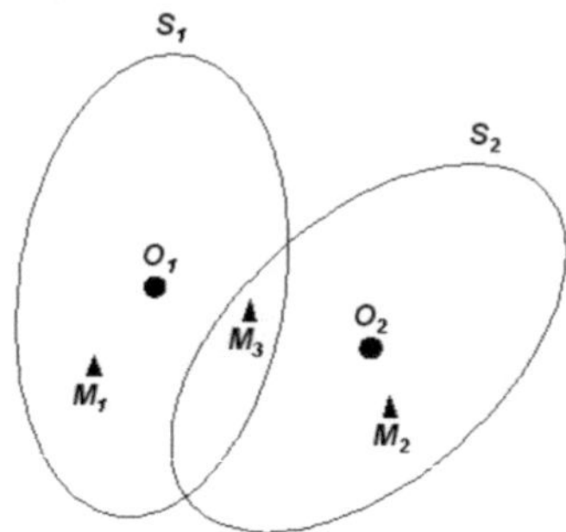

Abbildung 3.4: Mehrziel-Situation.

ähnlich wie bei dem PDA-Verfahren mit

$$\vartheta_{ij} \triangleq \{\text{Messdaten } Y_{j,k} \text{ sind dem Objekt } O_i \text{ zugeordnet}\}$$
$$\vartheta_{i0} \triangleq \{\text{Keine Messdaten in } Y_k \text{ sind dem Objekt } O_i \text{ zugeordnet}\}$$
$$i = 1, 2, \quad j = 1, ..., 3$$

$$(3.74)$$

und

$$p_{ij} = p(\vartheta_{ij}|Y_{1:k}) \tag{3.75}$$

definiert.

Nr. der Zuordnungs-möglichkeiten	Zugeordnete Messdaten von O_1	Zugeordnete Messdaten von O_2
1	0	0
2	M_1	0
3	M_3	0
4	0	M_2
5	M_1	M_2
6	M_3	M_2
7	0	M_3
8	M_1	M_3

Tabelle 3.1: Tabelle der Zuordnungsmöglichkeiten.

Die Assoziations-Wahrscheinlichkeit p_{ij} lässt sich nun aus der Summe der normierten Wahrscheinlichkeiten aller Zuordnungsmöglichkeiten Z, die das

Ereignis ϑ_{ij} bestätigen, ableiten, z.B. berechnen sich die Assoziations-Wahrscheinlichkeiten von O_1 mit

$$\begin{aligned}
p_{10} &= p(Z_1) + p(Z_4) + p(Z_7) \\
p_{11} &= p(Z_2) + p(Z_5) + p(Z_8) \\
p_{13} &= p(Z_3) + p(Z_6)
\end{aligned} \qquad (3.76)$$

und von O_2 mit

$$\begin{aligned}
p_{20} &= p(Z_1) + p(Z_2) + p(Z_3) \\
p_{22} &= p(Z_4) + p(Z_5) + p(Z_6) \,. \\
p_{23} &= p(Z_7) + p(Z_8)
\end{aligned} \qquad (3.77)$$

Darüber hinaus können die Zustands- und Kovarianzaktualisierung ähnlich wie bei dem PDA-Verfahren mit den gewichteten Messdaten durchgeführt werden. Durch diese Methode wird ein Messdatum bei der Aktualisierung eines Objekts schwächer gewichtet, wenn es auch einem anderen Objekt zugeordnet ist. Damit erzielt das JPDA-Verfahren eine möglichst konfliktfreie Datenzuordnung. Obwohl das JPDA-Verfahren bei Mehrziel-Situation dem PDA-Verfahren deutlich überlegen ist [BS88], ist das JPDA-Verfahren auf Grund der Betrachtung der vollständigen Zuordnungswahrscheinlichkeiten sehr rechenintensiv und ist deswegen nicht ohne weiteres geeignet für den Einsatz im Kfz-Steuergerät.

4 Auf Merkmalsfusion basierende Objektverfolgung

Im letzten Kapitel wurde ein Überblick über die am weitesten verbreitete Methodik der Objektverfolgung gegeben. Diese Methodik bietet allerdings keine direkt einsetzbare Lösung, sondern nur eine gute theoretische Basis zum Aufbau geeigneter Objektverfolgungsmethodik für zukünftige FAS. Der Grund dafür liegt seitens der Filter-Methodik darin, dass sie von der Annahme einer punktförmigen Objektdarstellung ausgeht und die Ausdehnung eines verfolgten Objektes vernachlässigt wird. Das stellt einen erheblichen Nachteil bei der Behandlung von streuenden Messdaten, wie z.B. Multi-Reflexen eines Fahrzeugs beim Radarsensor dar. Auf der Seite der Assoziation liegt der Grund darin, dass die meiste Methodik von einem idealen Sensor mit ausschließlich statistischem Messfehler und einer im ganzen Zustandsraum gleich verteilter Fehlmessrate ausgeht. Die situationsbedingten systematischen Messfehler eines realen Sensors überfordern solche Methodik. Zukünftige FAS erfordern auch eine höhere Belastbarkeit und Plausibilität der Ausgangsdaten der Objektverfolgung. Um all diese Anforderungen zu erfüllen, wird in dieser Arbeit ein neuer Ansatz für die Objektverfolgung entwickelt. In den folgenden Abschnitten wird die neu entwickelte Objektverfolgung zur Bewältigung dieser Herausforderung vorgestellt.

4.1 Zustandsgrößen und Koordinatensystem

Die Zustandsgrößen der Objektverfolgung bezeichnen die zu bestimmenden Informationen eines verfolgten Objekts. Dies sind i.A. die Position und der Bewegungszustand eines Objekts. Die Beschreibung dieser Größen setzt unmittelbar die Festlegung des Koordinatensystems voraus. Im Folgenden wird die Festlegung des Koordinatensystems erläutert.

4.1.1 Festlegung des Koordinatensystems

Um die Bewegung eines Objekts zu beschreiben, greift man meist zu dem
Polar- oder kartesischen Koordinatensystem (KOS), dessen Vor- und Nachteile in [Bla99] diskutiert wurden. Obwohl der Radarsensor durch das Messprinzip bedingt seine Messgröße im Polar-KOS angibt (siehe Unterabschnitt
2.1.2), ist das kartesische KOS aus Sicht der Infrastruktur die bessere Wahl.
Dafür ist die parallele Bauweise der Straße der ausschlaggebende Aspekt.
Sie führt einerseits Objekte zu einer überwiegend gradlinigen Bewegung,
die durch das kartesische KOS besonders gut zu beschreiben ist. Andererseits begünstigt eine Darstellung der Objektposition im kartesischen KOS
die FAS bei vielen Problemlösungen, wie z.B Zuordnung eines Objektes zu
Fahrspuren oder Schätzung des Fahrbahnverlaufs.

Festlegung des Ursprungs

Eine zentrale Frage für die Festlegung des KOS ist die Festlegung des Ursprungs, auf den sich alle Zustandsgrößen beziehen. Es gibt hierzu zwei
herausragende Möglichkeiten: ein ortsfestes oder ein mitbewegtes KOS. Bei
dem ortsfesten KOS bleibt der Ursprung in einem Ortspunkt über die gesamte Laufzeit des Systems fest. Die Zustandsgrößen beziehen sich auf eine
zeitunabhängige globale Darstellung. Die typischen Zustandsgrößen dabei
sind die kartesischen Positionen d_x, d_y, die absoluten kartesischen Geschwindigkeiten v_x, v_y über Grund und die absoluten kartesischen Beschleunigungen a_x, a_y über Grund. Bei dem mitbewegten KOS bezieht sich der Ursprung
dagegen auf einen Punkt des Eigenfahrzeugs, wie z.B. den Einbauort eines
Sensors, und bewegt sich deshalb mit dem Eigenfahrzeug. Die Zustandsgrößen beziehen sich nun auf eine zeitlich veränderliche relative Darstellung.
Die typischen Zustandsgrößen dabei sind die kartesischen Positionen d_x, d_y,
die relativen Geschwindigkeiten v_x, v_y und die relativen Beschleunigungen
a_x, a_y zwischen Objekten und dem Ursprung.

Der Vorteil des ortsfesten KOS ist, dass unter der globalen Betrachtung so-
wohl die linearen Bewegungen als auch die nichtlinearen Bewegungen eines
Objekts, wie z.B. das Abbiegen oder die Kurvenfahrt, sehr genau durch lineare Dynamikmodelle beschrieben werden können. In [Bue07] präsentierten
Bühren und Yang eine sehr genaue lineare Annäherung der nicht linearen
Manöver in einem ortsfesten KOS. Der Nachteil des ortsfesten KOS liegt
darin, dass die Sensoren das Umfeld aus eigener Sicht erfassen. Eine KOS-
Transformation zwischen den Sensoren und dem globalen System ist deshalb
unvermeidbar. Im Vergleich zum ortsfesten KOS kann ein mitbewegtes KOS

die FAS besser bedienen. Da die Sicherheit des Eigenfahrzeugs der Fokus der FAS ist, betrachten FAS das Umfeld aus Sicht des bewegenden Eigenfahrzeugs. Dafür benötigen FAS die Darstellung der Objektzustände, die sich relativ auf das Eigenfahrzeug beziehen. Der Nachteil des mitbewegten KOS liegt in der Darstellung der nicht-linearen relativen Bewegungen zwischen dem Eigenfahrzeug und Objekten. In einem ortsfesten KOS werden die Bewegungen der Objekte unabhängig voneinander beschrieben, weil sie sich alle auf das feststehende KOS beziehen. Unter relativer Betrachtung vom Eigenfahrzeug sind die Darstellung der Bewegungen der Objekte dagegen direkt mit der Bewegung des Eigenfahrzeugs verbunden. Eine genaue Darstellung solcher relativer Bewegungen ist mit einem hohen Rechenaufwand verbunden. In [Jor02] versuchte Jordan das Problem dadurch zu umgehen, dass er die relative Bewegung zuerst in lateraler und longitudinaler Richtung entkoppelt und danach diese unter starken Vereinfachungen linearisiert. Diese Lösung war spezifisch auf den eingesetzten Radarsensor zugeschnitten und konnte nicht ohne weiteres in einem anderen Sensorsystem eingesetzt werden.

Um die Stärken der beiden KOS vereinen und gleichzeitig deren Schwächen zu vermeiden wird in dieser Arbeit ein sog. semi-globales KOS (SG-KOS) vorgeschlagen. In dem SG-KOS liegt der Ursprung in der Mitte der Hinterachse des Eigenfahrzeugs und bewegt sich ähnlich dem mitbewegten KOS mit dem Eigenfahrzeug. Die Positionen d_x, d_y sind die relativen Entfernungen zwischen dem Eigenfahrzeug und Objekten. Allerdings bezeichnen die Geschwindigkeiten v_x, v_y und die Beschleunigungen a_x, a_y, ähnlich dem ortsfesten KOS, die absoluten Werte über Grund.

Die Zustandsgrößen im SG-KOS sind die relativen Positionen, die absoluten Geschwindigkeiten und Beschleunigungen der Mitte der hinteren Kante des Objekts bezüglich des Ursprungs. Der Zustandsvektor dafür ergibt sich zu

$$X_{SG} = \begin{pmatrix} d_{x,SG} \\ v_{x,SG} \\ a_{x,SG} \\ d_{y,SG} \\ v_{y,SG} \\ a_{y,SG} \end{pmatrix}. \tag{4.1}$$

Vergleich des globalen und semi-globalen KOS

Zum Vergleich der Genauigkeit des globalen und semi-globalen KOS wird ein definiertes Beispiel simuliert. Der detaillierte Ablauf der Simulation findet sich im Anhang A.1. Im Folgenden werden die Ergebnisse der Simulation dargestellt. Als Vergleichskriterien werden die Größen, die die relative Bewegung eines Objekts bezüglich des Eigenfahrzeugs aus der Sicht der FAS darstellen, hervorgehoben. Dies sind die relativen Positionen d_x, d_y und die relativen Geschwindigkeiten v_x, v_y eines Objekts bezüglich der Mitte der Hinterachse des Eigenfahrzeugs. In Tabelle 4.1 werden die Standardabweichungen der Vergleichsgrößen der beiden KOS zusammengestellt. Dabei wird ein konstanter Messfehler von 0.5 m für die Messgröße d_r, ein konstanter Messfehler von 0.5 m/s für v_r und ein konstanter Messfehler von 0.3 Grad für θ eingesetzt. Für den mittleren Messfehler der Geschwindigkeit und Gierrate des Eigenfahrzeugs wird ein typischer Wert von 1 m/s (entspricht 5% der Geschwindigkeit) und 0.2 Grad/s gewählt. Die Standardabweichungen der Vergleichsgrößen der beiden KOS berechnen sich nach der Monte Carlo-Methode mit insgesamten 500 Wiederholungen. Die Zeitdauer jedes Systemlaufs beträgt 3600 s.

	$\sigma_{dx}[m]$	$\sigma_{dy}[m]$	$\sigma_{vx}[m/s]$	$\sigma_{vy}[m/s]$
Ortsfestes KOS	0.17	0.233	0.849	0.459
SG-KOS	0.155	0.233	0.846	0.458

Tabelle 4.1: Standardabweichungen im ortsfesten KOS und SG-KOS.

Aus der Tabelle 4.1 wird ersichtlich, dass das SG-KOS ähnlich kleine Standardabweichungen wie das ortsfeste KOS aufweist, obwohl relativ große Messfehler der Geschwindigkeit und Gierrate des Eigenfahrzeugs gewählt wurden.

Die Abhängigkeit der Standardabweichungen der Vergleichsgrößen von dem Fehler der Eigenbewegung sind in Abb. 4.1 und 4.2 veranschaulicht. In Abb. 4.1 sind die Änderungen der Standardabweichungen mit steigendem Messfehler der Eigengeschwindigkeit und konstantem Messfehler der Eigengierrate bei beiden KOS gegenübergestellt. In Abb. 4.2 steigt stattdessen der Messfehler der Eigengierrate und der Messfehler der Eigengeschwindigkeit bleibt konstant.

In den Abbildungen ist deutlich zu erkennen, dass die Standardabweichungen der Geschwindigkeiten sowohl im ortsfesten KOS als auch im SG-KOS proportional zu steigendern Messfehlern der Eigenbewegung zunehmen, während die Werte der Position konstant bleiben. Dabei gelten folgen-

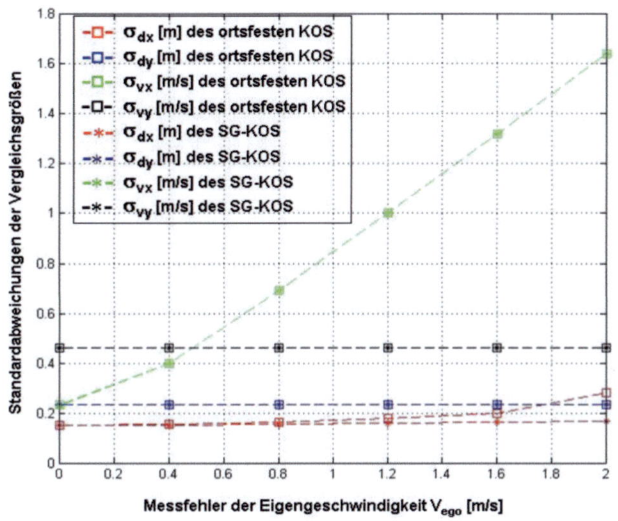

Abbildung 4.1: Abhängigkeit der Standardabweichungen der Vergleichsgrößen vom Messfehler der Eigengeschwindigkeit.

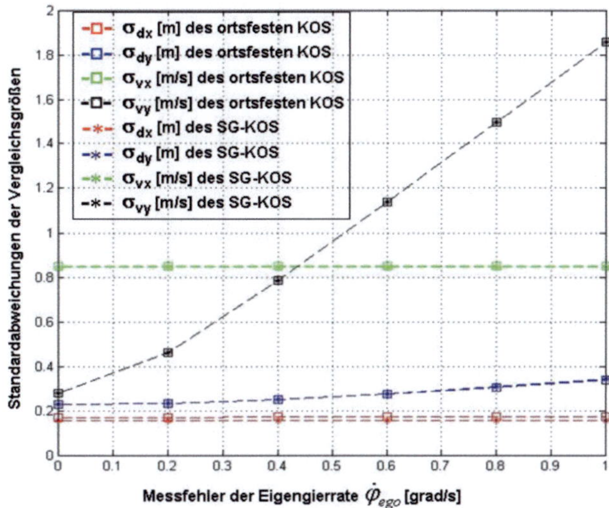

Abbildung 4.2: Abhängigkeit der Standardabweichungen der Vergleichsgrößen vom Messfehler der Eigengierrate.

de Beziehungen:

$$\begin{pmatrix} \sigma_{dx} \sim \sigma_r \\ \sigma_{dy} \sim r \cdot \sigma_\theta \\ \sigma_{vx} \sim \sigma_{V_{ego}} \\ \sigma_{vy} \sim r \cdot \sigma_{\dot{\varphi}_{ego}} \end{pmatrix}. \tag{4.2}$$

Die beiden Abbildungen zeigen deutlich, dass eine exakte Schätzung der Zustände unmittelbar mit der Voraussetzung einer genauen Messung der Eigenbewegung verbunden ist. Dank der Einführung von ESP stehen heutzutage sehr genaue Inertialsensoren in den meisten Fahrzeugen zur Verfügung. Damit ist der negative Einfluss der Messfehler der Eigenbewegung auf die Schätzgenauigkeit der Objektverfolgung vernachlässigbar klein.

Obwohl die Tabelle 4.1, die Abbildungen 4.1 und 4.2 eine vergleichbare Schätzgenauigkeit vom ortsfesten KOS und SG-KOS bestätigen, sprechen folgende Aspekte für die Auswahl des SG-KOS als System-KOS. FAS interessieren sich besonders für gefährliche Bewegungen von Objekten zu dem Eigenfahrzeug, wie z.B. Annähern zu oder Einscheren vor dem Eigenfahrzeug. Solche relativen Bewegungen sind am besten in einem eigenfahrzeugverbundenen KOS, wie dem SG-KOS, zu beschreiben. Nachdem FAS aktuelle Positionen der Objekte erfasst haben, müssen sie anschließend entscheiden, ob ein Objekt auf der Fahrspur des Eigenfahrzeugs steht und dadurch eine Kollisionsgefahr für das Eigenfahrzeug besteht. Dafür benötigt FAS eine Beschreibung der Objektbewegungen bzgl. der Fahrtrichtung des Eigenfahrzeugs. Das SG-KOS bietet dabei eine deutlich bessere Möglichkeit als das ortsfeste KOS.

4.1.2 Zustandsgrößen des Systems

Da für FAS die zugewandte Seite eines Zielobjekts am wichtigsten ist, ist in dieser Arbeit die Mitte der Hinterkante eines Objekts für vorausfahrende Fahrzeuge bzw. die Mitte der Vorderkante für entgegenkommende Fahrzeuge als Bezugspunkt für die Schätzung gewählt. Die Zustandsgrößen dieses Punktes werden in der Objektverfolgung geschätzt und als Repräsentant des ganzen Objekts betrachtet. Um eine genaue Darstellung eines Objekts zu erlangen, muss die Ausdehnung des Objekts in der Objektverfolgung berücksichtigt werden. Deshalb wird die Breite eines Objekts mit Hilfe des Kamerasensors ebenfalls geschätzt. Die vollständigen Zustandsgrößen sind:

d_x: relativer Längsabstand zwischen dem Schätzpunkt und der Mitte der Hinterachse des Eigenfahrzeugs

v_x: absolute Längsgeschwindigkeit des Schätzpunktes über Grund

a_x: absolute Längsbeschleunigung des Schätzpunktes über Grund

d_y: relativer Querabstand zwischen dem Schätzpunkt und der Mitte der Hinterachse des Eigenfahrzeugs

v_y: absolute Quergeschwindigkeit des Schätzpunktes über Grund

a_y: absolute Querbeschleunigung des Schätzpunktes über Grund

w: Breite des Objekts

4.2 Vorverarbeitung der Sensormessdaten

Das in dieser Arbeit verwendete Sensorsystem besteht aus einem Long-Range-Radarsensor (LRR) und einem Monokamerasensor. Die technischen Daten des Sensorsystems sind im Folgenden zusammengefasst. Der LRR hat eine maximale Reichweite von 250 m und umfasst einen Winkelbereich von ±15 Grad. Der Monokamerasensor kann ein Objekt bis zu 80 m detektieren und hat einen breiten Winkelbereich von ±20 Grad. In Abb. 4.3 sind die Einbauorte der Sensoren zusammen mit deren Erfassungsbereichen im System-KOS dargestellt.

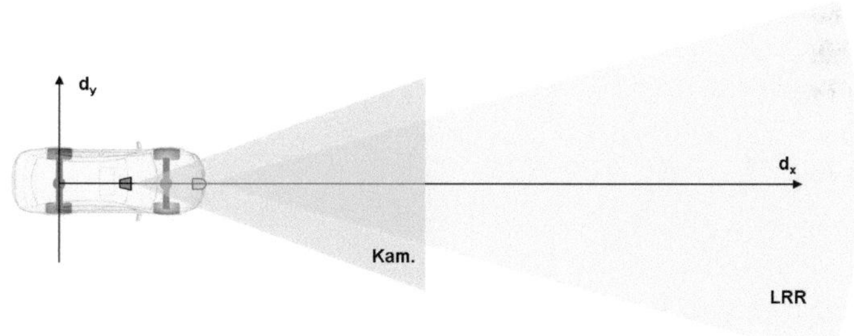

Abbildung 4.3: Die Sensorkonfiguration.

Im ersten Teil dieses Abschnitts stehen die Beobachtermodelle der Sensoren im Fokus. Darin werden die Beobachtergleichungen zur Transformation der Systemzustände im Beobachterraum abgeleitet. Zudem wird die Vorverarbeitung der Radardaten zur Beseitigung der Mehrfach-Reflexion sowie die Berechnung der Winkel mit den Kameradaten erläutert. Im zweiten Teil des Abschnitts wird das Out-of-Sequence-Problem eines Fusionssystems diskutiert und anschließend die in dieser Arbeit eingesetzte Lösung vorgestellt.

4.2.1 Beobachtermodell

Beobachtermodell vom Radarsensor

Wie in Abschnitt 2.1 vorgestellt, funktioniert der eingesetzte LRR nach dem FMCW-Verfahren. Der Messvektor des LRR im Polar-KOS ist

$$Y_R = \begin{pmatrix} d_r \\ v_r \\ \theta \end{pmatrix}. \tag{4.3}$$

Die entsprechende Kovarianz-Matrix ist

$$R_R = \begin{pmatrix} \sigma_r^2 & \sigma_{rv}^2 & 0 \\ \sigma_{vr}^2 & \sigma_v^2 & 0 \\ 0 & 0 & \sigma_\theta^2 \end{pmatrix}. \tag{4.4}$$

Das Beobachtermodell gemäß der Gleichung (3.26) beschreibt die Transformation der Systemzustände eines Objekts in den Beobachterraum. In unserem Fall entspricht dies einer Transformation vom System-KOS ins Polar-KOS. Nach der Definition der Zustandsgrößen im Unterabschnitt 4.1.1 kann der Zusammenhang der Zustandsgrößen und Messgrößen in Abb. 4.4 dargestellt werden. Anhand der Abbildung können die entsprechenden Beobachtergleichungen für d_r, θ direkt angegeben werden:

$$\begin{aligned} d_r &= \sqrt{d_{x,r}^2 + d_{y,r}^2} \\ \theta &= atan(\tfrac{d_{y,r}}{d_{x,r}}) \end{aligned}. \tag{4.5}$$

Dabei sind $d_{x,r}$ und $d_{y,r}$ die auf den Radar-Einbauort verschobene Position des Objekts.

Bei einer rein linearen relativen Bewegung berechnen sich die relativen Geschwindigkeiten $v_{x,rel}, v_{y,rel}$ aus der Differenz der Objektgeschwindigkeit und der Eigengeschwindigkeit:

$$\begin{aligned} v_{x,rel,linear} &= v_x - V_{ego} \\ v_{y,rel,linear} &= v_y \end{aligned}. \tag{4.6}$$

Sobald das Eigenfahrzeug sich zu drehen beginnt, entsteht eine zusätzliche Umlaufgeschwindigkeit in den relativen Geschwindigkeiten auf Grund der

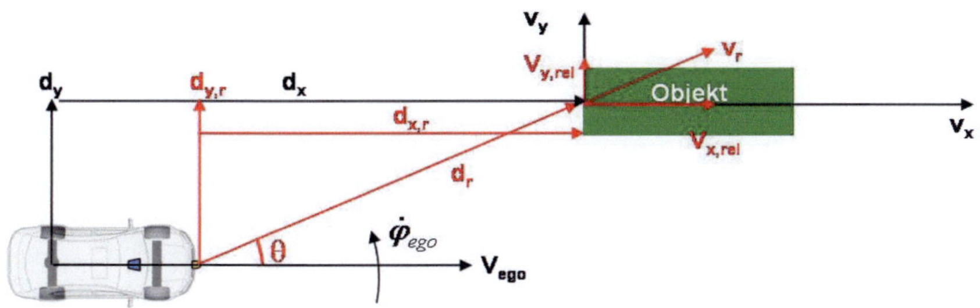

Abbildung 4.4: Beobachtermodell LRR.

relativen Drehbewegung. Diese Umlaufgeschwindigkeit kann in X- und Y-Richtung zerlegt werden gemäß

$$\begin{aligned}
v_{x,rel,umlauf} &= r \cdot \dot{\varphi}_{ego} \cdot sin(\theta) = d_y \cdot \dot{\varphi}_{ego} \\
v_{y,rel,umlauf} &= -r \cdot \dot{\varphi}_{ego} \cdot cos(\theta) = -d_x \cdot \dot{\varphi}_{ego}
\end{aligned}. \tag{4.7}$$

Der Linear- und der Drehanteil der relativen Bewegung addieren sich schließlich:

$$\begin{aligned}
v_{x,rel} &= v_x - V_{ego} + d_y \cdot \dot{\varphi}_{ego} \\
v_{y,rel} &= v_y - d_x \cdot \dot{\varphi}_{ego}
\end{aligned}. \tag{4.8}$$

Daraus lässt sich die relative radiale Geschwindigkeit v_r zu

$$v_r = v_{x,rel} \cdot cos(\theta) + v_{y,rel} \cdot sin(\theta) \tag{4.9}$$

berechnen. Die Beobachter-Matrix H_R des LRR ergibt sich nach der Jacobi-Matrix (siehe Unterabschnitt 3.1.3) mit

$$H_{00} = \frac{\partial d_r}{\partial d_x} = \frac{d_x}{d_r}, \tag{4.10}$$

$$H_{03} = \frac{\partial d_r}{\partial d_y} = \frac{d_y}{d_r}, \tag{4.11}$$

$$H_{20} = \frac{\partial \theta}{\partial d_x} = \frac{-d_y}{d_x^2 + d_y^2}, \tag{4.12}$$

$$H_{23} = \frac{\partial \theta}{\partial d_y} = \frac{d_x}{d_x^2 + d_y^2}, \tag{4.13}$$

$$H_{10} = \frac{\partial v_r}{\partial d_x} = H_{vr} \cdot H_{20} - \dot{\varphi}_{ego} \cdot sin(\theta), \tag{4.14}$$

$$H_{13} = \frac{\partial v_r}{\partial d_y} = H_{vr} \cdot H_{23} + \dot{\varphi}_{ego} \cdot cos(\theta), \tag{4.15}$$

$$H_{11} = \frac{\partial v_r}{\partial v_x} = cos(\theta), \tag{4.16}$$

$$H_{14} = \frac{\partial v_r}{\partial v_y} = sin(\theta), \tag{4.17}$$

wobei

$$H_{v_r} = -v_{x,rel} \cdot sin(\theta) + v_{y,rel} \cdot cos(\theta). \tag{4.18}$$

Die hier nicht genannten Elemente der Beobachter-Matrix haben den Wert Null.

Mehrfach-Reflexion vom Radarsensor

Ein charakteristischer Messfehler des Radarsensors ist die sog. Mehrfach-Reflexion. Die vom Radarsensor abgestrahlte elektromagnetische Welle trifft ein Objekt und wird reflektiert. Ein Teil dieser reflektierten Welle trifft wieder den Radarsensor und bewirkt dort nach dem FMCW-Verfahren (siehe Unterabschnitt 2.1.1) eine Detektion. Wesentlich mehr von dieser Welle trifft jedoch das Eigenfahrzeug. Daraus resultiert der Effekt, dass diese reflektierte Welle von dem Eigenfahrzeug zum zweiten Mal reflektiert wird. Das Eigenfahrzeug wirkt somit wie ein zweiter Radarsensor mit exakt gleicher Sendefrequenz. Ist diese Leistung der Mehrfach-Reflexion stark genug, so kann sie wieder vom Radarsensor empfangen werden und bildet dort eine Fehldetektion. In Normalfall ist die Leistung der Mehrfach-Reflexion aufgrund der starken Dämpfung durch die Luft so gering, dass sie deutlich unter der Detektionsschwelle liegt und unauffällig bleibt. Allerdings verstärkt sich dieser Effekt in einem bestimmten Winkelbereich, insbesondere um die Mitte des Stoßfängers, dadurch, dass dieser meistens flach gebaute Mittenbereich des Stoßfängers wie ein Spiegel die reflektierte Leistung auf hohem Niveau zurückgibt. Im Fall einer konstanten Folgefahrt ist oft eine solche Fehldetektion zu beobachten. Dieser Spiegeleffekt ist in Abb. 4.5 gezeigt.

Auf Grund der starken Dämpfung durch die Luft resultieren die beobachtbaren Fehldetektionen fast ausschließlich aus der Doppel-Reflexion. Aus diesem Grund wird sie in den empfangen Radardaten gezielt gesucht. Nach dem

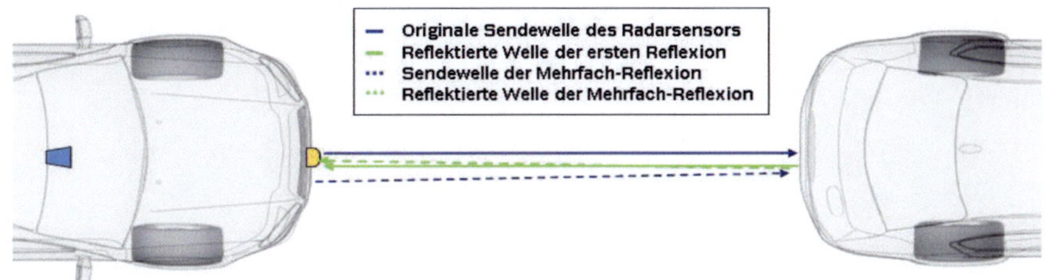

Abbildung 4.5: Mehrfach-Reflexion des Radarsensors.

FMCW-Verfahren gelten bei der Doppel-Reflexion folgende Beziehungen:

$$d_{r,doppel} = 2 \cdot d_{r,single}, \tag{4.19}$$

$$v_{r,doppel} = 2 \cdot v_{r,single}. \tag{4.20}$$

Dabei sind $d_{r,single}, v_{r,single}$ die korrekten Messgrößen der einfachen Reflexion und $d_{r,doppel}, v_{r,doppel}$ die Messgrößen der zugehörigen Doppel-Reflexion. Außerdem liegen beide gemessenen Winkel sehr nah aufeinander:

$$\theta_{doppel} \approx \theta_{single}. \tag{4.21}$$

Nach diesen Beziehungen können die Fehldetektionen der Doppel-Reflexion vor der Bearbeitung aussortiert werden.

Beobachtermodell des Monokamerasensors

Der Messvektor des Monokamerasensors ist wie in (2.11) beschrieben:

$$Y_K = \begin{pmatrix} p_y \\ p_x \\ p_w \end{pmatrix}. \tag{4.22}$$

Dabei ist p_x die laterale Pixelposition der Mitte der unteren Hinterkante eines Objekts im Bild. Ist die Brennweite f der Kamera bekannt, so lässt sich der laterale Winkel des Objekts direkt aus p_x ableiten:

$$\theta = atan\left(\frac{p_x}{f}\right). \tag{4.23}$$

Nach der Gleichung (4.23) ist es nun möglich, in einem gemeinsamen Filter die gemessenen Winkel vom LRR und Monokamerasensor zu verarbeiten.

Dies vereinfacht das System erheblich. Dafür muss p_x zunächst nach (4.23) vom Kamera-KOS in das Polar-KOS transformiert werden. Die transformierte Varianz der Winkel ist nach der Jacobi-Matrix

$$\sigma_\theta^2 = \left(\frac{\partial\theta}{\partial p_x}\right)^2 \cdot \sigma_{px}^2 \tag{4.24}$$

mit

$$\frac{\partial\theta}{\partial p_x} = \frac{f}{f^2 + p_x^2}. \tag{4.25}$$

Dabei wird eine gute Justage der Sensoren vorausgesetzt, damit der Einbauoffsetwinkel zwischen den beiden Sensoren vernachlässigbar ist. Da die im Unterabschnitt 4.3.5 vorzustellende Assoziation mit den Merkmalen des Monokamerasensors im Kamera-KOS geschehen wird, ist ebenfalls eine Transformation vom System-KOS in das Kamera-KOS nötig. Nach der in [Ste03] vorgestellten Methode lässt sich die vertikale Pixelposition p_y eines Objekts im Bild direkt von deren Längsabstand $d_{x,K}$ zum Kamerasensor ableiten. Dabei wird ein flacher Straßenverlauf und ein Blickwinkel des Kamerasensors parallel zur Straße vorausgesetzt. In Abb. 4.6 ist eine Ausrichtung dieses Zusammenhangs grafisch dargestellt. Darauf ist h_K die Einbauhöhe des Kamerasensors, f die Brennweite des Kamerasensors, $d_{x,K}$ der Längsabstand zwischen dem Kamerasensor und dem Objekt und Δp_y die vertikale Pixeldifferenz zwischen der Mittelachse des Kamerasensors und der unteren Hinterkante des Objekts im Bild. Die Beziehung zwischen Δp_y und $d_{x,K}$ ergibt sich zu

$$\Delta p_y = \frac{h_K \cdot f}{d_{x,K}}. \tag{4.26}$$

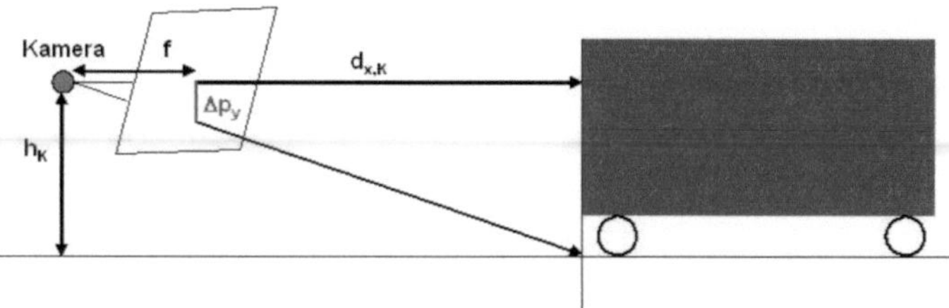

Abbildung 4.6: Ableiten der vertikalen Pixelposition p_y eines Objekts von deren Längsabstand $d_{x,K}$.

Ersetzt man Δp_y und $d_{x,K}$ mit p_y und d_x nach der Gleichung

$$\begin{aligned}
\Delta p_y &= p_y - P_{Y,Mitte} \\
d_{x,K} &= d_x - L_{x,K}
\end{aligned} , \tag{4.27}$$

so kann die Gleichung (4.26) zu

$$p_y = \frac{h_K \cdot f}{d_x - L_{x,K}} + P_{Y,Mitte} \tag{4.28}$$

umgeschrieben werden. Dabei ist $P_{Y,Mitte}$ die vertikale Position der Mitte des Bildes. $L_{x,K}$ ist der Längsoffset zwischen dem System-KOS und dem Kamera-KOS (siehe Abb. 4.7). Die Gleichung (4.28) stellt die Transformation vom System-KOS ins Kamera-KOS dar. Die Transformation für p_x, p_w ist analog zu p_y

$$p_x = P_{X,Mitte} - \frac{(d_y) \cdot f}{d_x - L_{x,K}}, \tag{4.29}$$

$$p_w = \frac{w \cdot f}{d_x - L_{x,K}}. \tag{4.30}$$

Dabei ist $P_{X,Mitte}$ die horizontale Position der Mitte des Bildes.

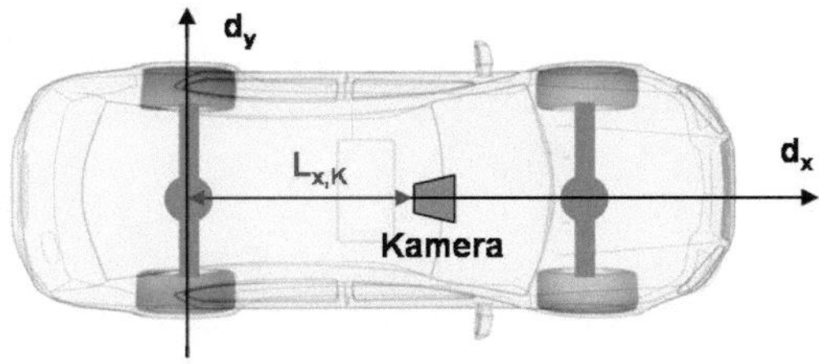

Abbildung 4.7: Längsoffset zwischen dem System-KOS und dem Kamera-KOS.

4.2.2   Synchronisation der Sensordaten

Das Out-of-Sequence-Problem stellt für jedes asynchrone Fusionssystem, bei dem die Messdaten verschiedener Sensoren zeitversetzt empfangen werden, eine Herausforderung dar. Dieses Problem soll anhand der Abb. 4.8 näher erläutert werden. Der Radarsensor hat keine feste Zyklusdauer, sondern eine minimale Zyklusdauer von 0.1 s. Die Verarbeitungszeit der Signale variiert beim Radarsensor sehr stark abhängig von der aktuellen Datenmenge. Die typische Zyklusdauer des Radarsensors liegt zwischen 0.12 s bis 0.2 s. Der Kamerasensor hat dagegen eine konstante Zyklusdauer von 0.04 s. Die Bezeichnungen R_i und K_i bedeuten die i-te Messung der Sensoren. Die Zeitdauer zwischen dem Mess- und Sendezeitpunkt einer Messung ist durch die digitale Signal-Verarbeitung (DSV)[1] entstanden und wurde deshalb mit T_{DSV} bezeichnet. Die Zeitdauer der Übertragung der Messdaten zwischen den Sensoren und dem System unterscheiden sich je nach genutztem Übertragungs-Protokoll. Sie beträgt beim Kamerasensor, der seine Messdaten nach dem CAN-Protokoll sendet, einen typischen Wert 0.02 s (T_{CAN}). Die mittlere Übertragungsdauer des Radarsensors nach dem XCP-Protokoll beträgt 0.04 s (T_{XCP}).

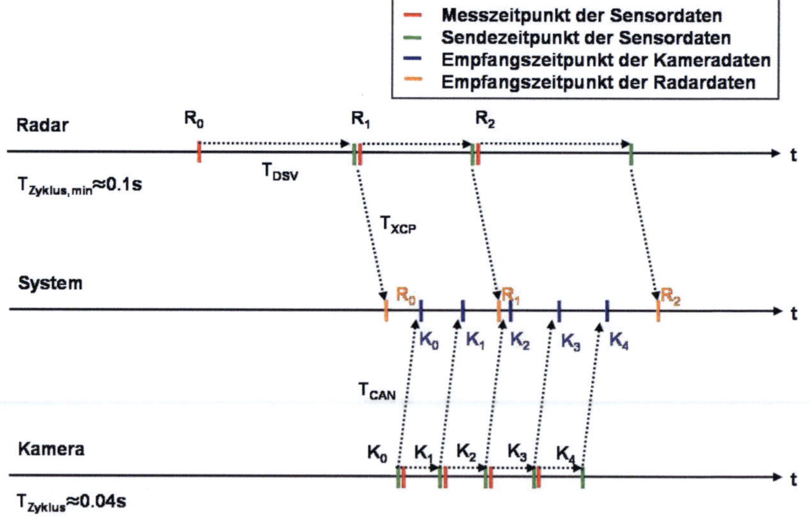

Abbildung 4.8: Asynchroner Datenempfang des Systems.

---

[1]DSP: Digital Signal Processing

In Abb. 4.8 sieht man deutlich, dass eine Radarmessung, z.B. R_1, viel später als eine gleichzeitig gestartete Kameramessung, z.B. K_0, das System auf Grund der längeren Verarbeitungszeit T_{DSV} erreicht. Es ist deshalb möglich, dass eine Radarmessung das System erst dann erreichen würde, wenn das System schon weit in die Zukunft fortgeschritten wäre. Dieses sog. Out-of-Sequence-Problem erfordert zusätzliche Maßnahmen bei der Filter-Technik. In [BS04] stellt Bar-Shalom einige Lösungen für das Problem vor. Die Idee dieser Lösungen ist, aus Messungen der Vergangenheit eine äquivalente Messung der Systemzustände zum aktuellen Zeitpunkt zu bilden. Die Zustandsaktualisierung kann dadurch mit herkömmlichen Filter-Techniken, wie z.B dem Kalman Filter erfolgen (siehe Abschnitt 3.1). Die Vorteile dieser Lösungen sind erstens, dass dadurch eine von den eingesetzten Sensoren unabhängige Systemarchitektur möglich ist, und zweitens, dass eine vollständige Verarbeitung aller Messungen möglich ist. Ihre Nachteile, wie ebenfalls in [BS04] erwähnt, sind vor allem der hohe Speicherbedarf und Rechenaufwand. Um die Lösungen von Bar-Shalom zu realisieren, müssen Zustände aller Objekte mindestens für so viele Zyklen gespeichert werden, wie sich Messzeitpunkte einer Out-of-Sequence-Messung innerhalb des gespeicherten Zeitabschnitts befinden können. In diesem Fall bedeutet es, dass alle Objektzustände für mindestens 4 Zyklen gespeichert werden müssen. Das stellt für das System einen hohen Speicherbedarf dar. Außerdem erhöhen die vielen Operationen, z.B. zur Matrix-Inversion, den Rechenaufwand erheblich.

Um eine im Kfz-Steuergerät taugliche Lösung zu finden, greift diese Arbeit zu einem anderen Mittel, dem Puffer. Die Grundidee der Lösung ist, alle empfangenen Kameradaten, die zwischen der letzten und aktuellen empfangenen Radarmessung im System eintreffen, zunächst in einem Puffer zu speichern. Die gespeicherten Kameradaten werden zusammen mit der aktuellen Radarmessung entsprechend ihrer Messzeitpunkte sortiert. Diese zeitlich sortierten Messdaten können nun wie beim synchronen System sequenziell verarbeitet werden. Die minimale Puffergröße entspricht 4-mal der Größe der Kameramessdaten. Allerdings ist auf Grund der schwankenden Zyklusdauer der Sensoren ein größerer Puffer erforderlich. Im System wird ein Puffer mit der Kapazität von 8-mal der Größe der Kameramessdaten benutzt. Im ersten Augenblick erscheint die Lösung teurer als die Lösung von Bar-Shalom. Sie ist aber auf Grund der wesentlich kleineren Datenmenge der Kameradaten im Vergleich zu den gesamten Zuständen der verfolgten Objekte deutlich speichereffizienter. Ein Nachteil der Lösung gegenüber der Lösung von Bar-Shalom liegt an der Verarbeitungsquote der Messdaten. Da die eingesetzte Lösung eine zeitlich sequenzielle Datenbearbeitung voraussetzt, werden nur die Kameradaten verarbeitet, die zeitlich vom Messzeitpunkt der aktuellen Radarmessung nicht mehr als 0.1 s in der Zukunft liegen. Dadurch wird sichergestellt, dass der Messzeitpunkt der nächsten Radarmessung, minimal 0.1 s, immer hinter dem Endzeitpunkt der letzten verarbeiteten Kameradaten liegt. In Abb. 4.8 sind somit K_0, K_1 die zu bearbeitenden Kameradaten für R_0 und K_2, K_3, K_4 für R_1. Da das System für einen Echtzeitbetrieb vorgesehen ist, muss die gesamte Datenbearbeitung innerhalb des vorgeschriebenen Zeitfensters geschehen.

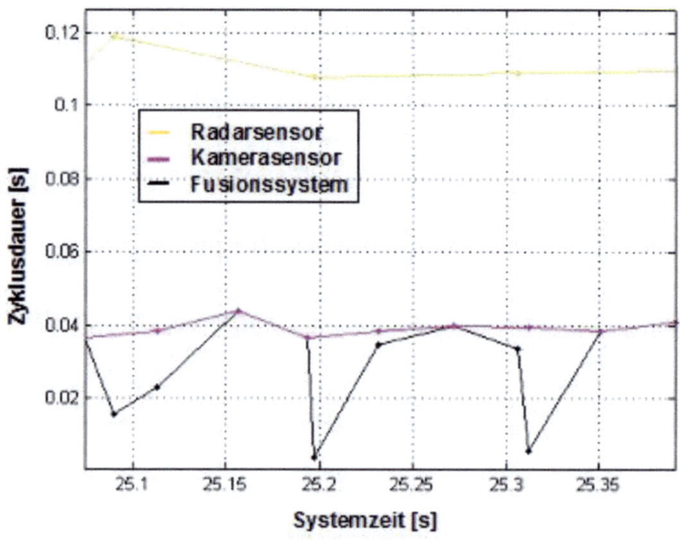

Abbildung 4.9: Zyklusdauer des asynchronen Fusionssystems.

Ein wichtiger Vorteil eines asynchronen Fusionssystems gegenüber einem synchronen Fusionsystem erklärt sich anhand Abb. 4.9. Gezeigt sind die realen Zyklusdauern der Sensoren und des asynchronen Systems in einem gemeinsamen Zeitabschnitt. Während sich die Zyklusdauer eines synchronen Fusionssystems auf die längste Zyklusdauer der eingesetzten Sensoren beschränkt, in diesem Fall die Zyklusdauer des Radarsensors von 0.12 s, ist die Zyklusdauer des asynchronen Fusionssystems kürzer als die kleinste der Sensoren. In der Abbildung beträgt die mittlere Zyklusdauer des Systems ca. 0.03 s. Eine kürzere Zyklusdauer bedeutet zugleich eine höhere Aktualisierungsrate der verfolgten Objekte und eine genauere Schätzung der Objektzustände. Sie führt in dieser Arbeit zu der Entscheidung für ein asynchrones Fusionssystem.

4.3 IMMPDA-Filter zur Merkmalsfusion

Wie in dem Abschnitt Motivation und Zielsetzung (siehe Abschnitt 1.3) erwähnt, muss das System dynamische Manöver der Objekte, wie z.B. dynamischer Spurwechsel oder starkes Bremsen, rechtzeitig erkennen und sich durch intelligente Einstellung der Systemparameter daran anpassen können, um diese Dynamik robust zu verfolgen. Diese Herausforderung wurde in dieser Arbeit mit Hilfe der *Interacting Multiple Model* (IMM)-Methodik begegnet. Ein Einblick in die IMM-Methodik findet sich im Unterabschnitt 3.1.7. Dieser Abschnitt beginnt mit einer grafischen Übersicht des eingesetzten IMMPDA-Filters. Anschließend werden die wichtigsten Komponenten des Filters, die Prädiktionsmodelle, die Assoziationsmodelle, die adaptive Modellierung und die Objektverwaltung, vorgestellt.

4.3.1 Aufbau des IMMPDA-Filters

Abb. 4.10 stellt den Informationsfluss des Filters schematisch dar. Nach Eingang neuer Messdaten beginnt ein neuer Zyklus des Fusionssystems. Die Messdaten werden zunächst, wie im Abschnitt 4.2 beschrieben, vorverarbeitet. Die im letzten Zyklus geschätzten Zustände der verfolgten Objekte werden anschließend nach der IMM-Methodik auf den aktuellen Zeitpunkt prädiziert, wobei die eingesetzten Dynamikmodelle für konstante Beschleunigung und konstante Giergeschwindigkeit für die Prädiktion im kommenden Unterabschnitt 4.3.2 und 4.3.3 vorgestellt werden. Je nach den relativen Lagen der Objekte zum Radarsensor tauchen einige systematische Messfehler beim Radarsensor auf, wie z.B. die Reflexverschiebung oder der Nebenkeuleneffekt. Diese Messfehler werden innerhalb eines adaptiven Sensormodells erfasst und, soweit möglich, kompensiert. Zwischen den vorverarbeiteten Messdaten und den prädizierten Objektzuständen findet die Assoziation, also die Messdaten-zu-Objektzuordnung, statt. Nach dem PDA-Verfahren wird für jede Zuordnung eine Zuordnungswahrscheinlichkeit berechnet.

Durch Bewertung der zeitlich korrelierten Mess-zu-Prädiktonsabweichungen kann das Systemrauschen der Dynamikmodelle adaptiv auf das aktuelle Niveau der Objektmanöver angepasst werden, das sog. adaptive Dynamikmodell. Dadurch bildet das System ein korrektes Kovarianzgewicht zwischen den Messdaten und den Systemzuständen nach. Mit Hilfe des Kovarianzgewichts aktualisiert ein zweistufiges EKF die Systemzustände, die sog. Innovation. Darüber hinaus werden die IMM-Modellwahrscheinlichkeiten aktualisiert. Am Ende dieser Verarbeitungskette steht die Objektverwaltung.

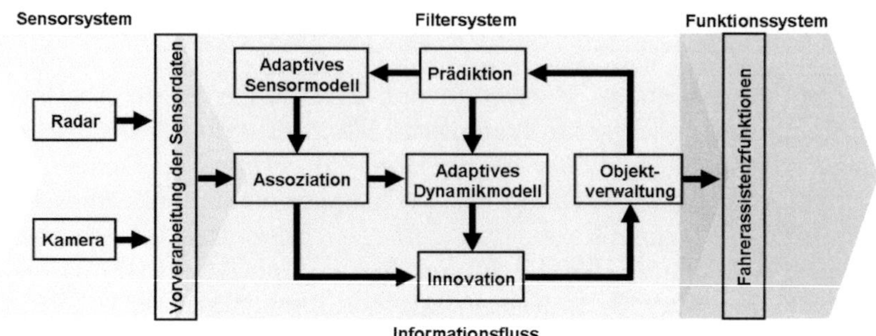

Abbildung 4.10: Informationsfluss innerhalb des IMMPDA-Filters.

Darin werden die verfolgten Objekte anhand ihrer aktuellen Zustände verschmolzen, falls sie ein gleiches Objekt der Realität darstellen, oder gelöscht, falls sie keine sichere Objektinformationen der Realität wiedergeben. Außerdem werden aus den nicht assoziierten Messdaten neue Objekte initialisiert. Schließlich werden die Objekte, je nach Möglichkeit, zwischen Personenkraftwagen (PKW), Lastkraftwagen und Restklasse klassifiziert. Die in dem Filter-System gewonnenen Informationen werden danach den Fahrerassistenzfunktionen zugeführt. Das System schließt somit den aktuellen Systemzyklus ab und ist bereit für neue Messdaten.

4.3.2 Geradeaus-Prädiktionsmodell

Die Dynamikmodelle beschreiben die zeitliche Fortsetzung der Objektdynamik nach einem physikalischen Modell. Die typischen Bewegungen der Objekte auf der Straße sind vor allem das Geradeausfahren, Abbiegen, die Kurvenfahrt und der Spurwechsel. Unter Annahme eines kleinen Zeitfensters können sie in zwei Kategorien gegliedert werden: die translatorische und die rotatorische Bewegung. Zur Beschreibung von translatorischen Bewegungen eignet sich sowohl das Modell für konstante Geschwindigkeit (CV)[2] als auch das Modell für konstante Beschleunigung (CA)[3] besonders gut. Das CA-Modell zeichnet sich jedoch durch seine mitgeschätzte Beschleunigung aus, weil moderne FAS wie ACC überwiegend auf der Beschleunigung des Zielobjets basieren. Dies liegt daran, dass eine Reaktion auf Änderungen der Beschleunigung zeitlich betrachtet zwei Ordnungen agiler als auf die

---

[2]CV: Constant Velocity
[3]CA: Constant Acceleration

des Abstands ist.

Die Differentialgleichung der Systemzustände ist nach dem CA-Modell

$$\dot{X}_{CA} = \begin{pmatrix} \dot{d}_x \\ \dot{v}_x \\ \dot{a}_x \\ \dot{d}_y \\ \dot{v}_y \\ \dot{a}_y \end{pmatrix} = \begin{pmatrix} v_x \\ a_x \\ 0 \\ v_y \\ a_y \\ 0 \end{pmatrix} + \begin{pmatrix} 0 \\ 0 \\ n_x \\ 0 \\ 0 \\ n_y \end{pmatrix}. \tag{4.31}$$

Die zeitdiskrete Lösung der Differentialgleichung ist die Systemgleichung wie

$$X_{CA,k} = A_{CA}X_{CA,k-1} + v_{CA,k} \tag{4.32}$$

mit der Systemmatrix A_{CA}

$$A_{CA} = \begin{pmatrix} 1 & T_Z & 0.5 \cdot T_Z^2 & 0 & 0 & 0 \\ 0 & 1 & T_Z & 0 & 0 & 0 \\ 0 & 0 & 1 & 0 & 0 & 0 \\ 0 & 0 & 0 & 1 & T_Z & 0.5 \cdot T_Z^2 \\ 0 & 0 & 0 & 0 & 1 & T_Z \\ 0 & 0 & 0 & 0 & 0 & 1 \end{pmatrix}, \tag{4.33}$$

wobei T_Z die aktuelle Zyklusdauer ist. Die dazugehörige Kovarianzgleichung ist

$$P_{CA,k} = A_{CA}P_{CA,k-1}A_{CA}^T + Q_k \tag{4.34}$$

mit der zeitdiskreten Kovarianzmatrix Q_k des zeitkontinuierlichen Wiener-Systemrauschens [BS93] $v_{CA,k}$

$$Q_k = E[v_{CA,k}v_{CA,k}^T] = \begin{pmatrix} Q_w \cdot \tilde{q}_x & 0 \\ 0 & Q_w \cdot \tilde{q}_y \end{pmatrix}. \tag{4.35}$$

Dabei ist Q_w die Wiener-Prozess-Matrix

$$Q_w = \begin{pmatrix} \frac{1}{20}T_Z^5 & \frac{1}{8}T_Z^4 & \frac{1}{6}T_Z^3 \\ \frac{1}{8}T_Z^4 & \frac{1}{6}T_Z^3 & \frac{1}{2}T_Z^2 \\ \frac{1}{6}T_Z^3 & \frac{1}{2}T_Z^2 & T_Z \end{pmatrix}. \tag{4.36}$$

$\tilde{q}_x, \tilde{q}_y$ bezeichnet die jeweilige Spektraldichte des Wiener-Systemrauschens in Längs- und Querrichtung. In [BS93] stellen Bar-Shalom und Li noch eine andere Darstellung des Systemrauschens vor. Dabei handelt es sich um ein zyklusweise konstantes Systemrauschen. Da bei der Auslegung des konstanten Systemrauschens eine konstante Zykluszeit vorausgesetzt wurde, eignet es sich nicht für das hier zu behandelnde zeitvariante Fusionssystem.

Zweischrittige Prädiktion des System-KOS

Da sich das System-KOS mit dem Eigenfahrzeug bewegt, müssen die in (4.33) und (4.34) beschriebene Systemmatrix und Kovarianzmatrix auf das aktuelle System-KOS transformiert werden. Da sich die Zustandsgrößen des System-KOS immer auf den mitbewegten Ursprung beziehen, sind die Bewegungen des Eigenfahrzeugs und des Objekts miteinander verknüpft. Diese komplexe relative Bewegung wird hier durch eine zweischrittige Prädiktion behandelt (siehe Abb. 4.11).

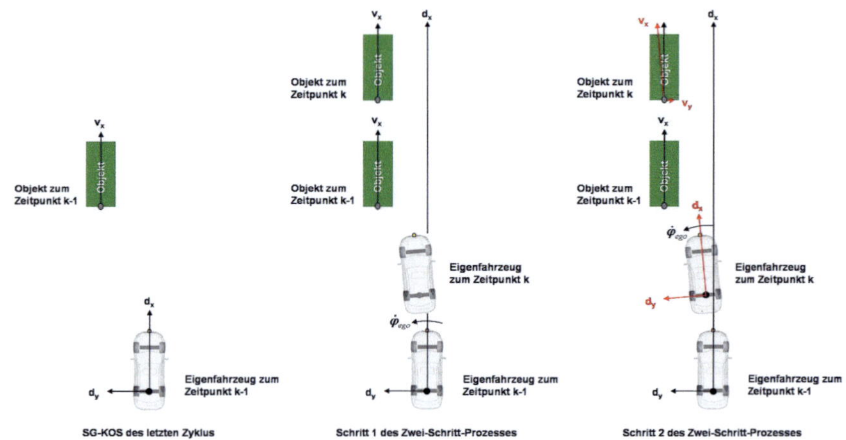

Abbildung 4.11: Zweischrittige Prädiktion im System-KOS.

Zum Beginn des ersten Schritts liegt das System-KOS auf dem KOS des letzten Zyklus $k-1$. Die Eigenbewegung vom letzten Zyklus $k-1$ zum aktuellen Zyklus k lässt sich laut [Bue07] darstellen zu:

$$\begin{aligned}
d_{x,ego,k} &= d_{x,ego,k-1} + T_Z \cdot \bar{V}_{ego,k} \cdot cos(\bar{\varphi}_{ego,k}) \\
d_{y,ego,k} &= d_{y,ego,k-1} + T_Z \cdot \bar{V}_{ego,k} \cdot sin(\bar{\varphi}_{ego,k})
\end{aligned}, \tag{4.37}$$

mit

$$\begin{aligned}
\bar{V}_{ego,k} &= V_{ego,k-1} + 0.5 \cdot T_Z \cdot a_{ego,k-1} \\
\bar{\varphi}_{ego,k} &= \varphi_{ego,k-1} + 0.5 \cdot T_Z \cdot \dot{\varphi}_{ego,k-1}
\end{aligned}. \tag{4.38}$$

Dabei ist $\bar{V}_{ego,k}$ die mittlere Geschwindigkeit und $\bar{\varphi}_{ego,k}$ der mittlere Gierwinkel des Eigenfahrzeugs. Die Geschwindigkeit V_{ego} und Gierrate $\dot{\varphi}_{ego}$ des Eigenfahrzeugs werden von dem ESP-System an Bord echtzeitig geliefert.

Da der Ursprung des System-KOS des letzten Zyklus die Position des Eigenfahrzeugs ist, kann die Gleichung (4.4) zu

$$\begin{aligned} d_{x,ego,k} &= T_Z \cdot \bar{V}_{ego,k} \cdot cos(0.5 \cdot T_Z \cdot \dot{\varphi}_{ego,k-1}) \\ d_{y,ego,k} &= T_Z \cdot \bar{V}_{ego,k} \cdot sin(0.5 \cdot T_Z \cdot \dot{\varphi}_{ego,k-1}) \end{aligned} \tag{4.39}$$

vereinfacht werden. Mit der aktuellen Position des Eigenfahrzeugs ergibt sich die relative Position des Objekts bezüglich des Eigenfahrzeugs zu

$$\begin{aligned} d_{x1} &= d_{x,k|k-1} - d_{x,ego,k} \\ d_{y1} &= d_{y,k|k-1} - d_{y,ego,k} \end{aligned}, \tag{4.40}$$

wobei d_{x1}, d_{y1} die Position nach Schritt 1 und $d_{x,k|k-1}, d_{y,k|k-1}$ die nach (4.32) prädizierte Position des Objekts ist. Im zweiten Schritt werden alle Zustandsgrößen des ersten Schritts vom KOS des Zyklus $k-1$ in das System-KOS des aktuellen Zyklus k transformiert. Dabei handelt es sich um eine Rotation des KOS. Ergibt sich der aktuelle Gierwinkel des Eigenfahrzeugs mit

$$\varphi_{ego} = \dot{\varphi}_{ego,k-1} \cdot T_Z, \tag{4.41}$$

so lassen sich die resultierenden Zustandsgrößen des zweiten Schritts wie folgt

$$\begin{aligned} d_{x2} &= d_{x1} \cdot cos(\varphi_{ego}) + d_{y1} \cdot sin(\varphi_{ego}) \\ v_{x2} &= v_{x1} \cdot cos(\varphi_{ego}) + v_{y1} \cdot sin(\varphi_{ego}) \\ a_{x2} &= a_{x1} \cdot cos(\varphi_{ego}) + a_{y1} \cdot sin(\varphi_{ego}) \\ d_{y2} &= -d_{x1} \cdot sin(\varphi_{ego}) + d_{y1} \cdot cos(\varphi_{ego}) \\ v_{y2} &= -v_{x1} \cdot sin(\varphi_{ego}) + v_{y1} \cdot cos(\varphi_{ego}) \\ a_{y2} &= -a_{x1} \cdot sin(\varphi_{ego}) + a_{y1} \cdot cos(\varphi_{ego}) \end{aligned} \tag{4.42}$$

berechnen. Die gesamte Matrix ist damit

$$A_{CA} = \begin{pmatrix} A_{00} & A_{01} \\ A_{10} & A_{11} \end{pmatrix}. \tag{4.43}$$

Dabei sind die vier Untermatrizen

$$A_{00} = \begin{pmatrix} cos(\varphi_{ego}) & T_Z \cdot cos(\varphi_{ego}) & 0.5 \cdot T_Z^2 \cdot cos(\varphi_{ego}) \\ 0 & cos(\varphi_{ego}) & T_Z \cdot cos(\varphi_{ego}) \\ 0 & 0 & cos(\varphi_{ego}) \end{pmatrix}, \tag{4.44}$$

$$A_{01} = \begin{pmatrix} sin(\varphi_{ego}) & T_Z \cdot sin(\varphi_{ego}) & 0.5 \cdot T_Z^2 \cdot sin(\varphi_{ego}) \\ 0 & sin(\varphi_{ego}) & T_Z \cdot sin(\varphi_{ego}) \\ 0 & 0 & sin(\varphi_{ego}) \end{pmatrix}, \tag{4.45}$$

$$A_{10} = \begin{pmatrix} -sin(\varphi_{ego}) & -T_Z \cdot sin(\varphi_{ego}) & -0.5 \cdot T_Z^2 \cdot sin(\varphi_{ego}) \\ 0 & -sin(\varphi_{ego}) & -T_Z \cdot sin(\varphi_{ego}) \\ 0 & 0 & -sin(\varphi_{ego}) \end{pmatrix}, \quad (4.46)$$

$$A_{11} = \begin{pmatrix} cos(\varphi_{ego}) & T_Z \cdot cos(\varphi_{ego}) & 0.5 \cdot T_Z^2 \cdot cos(\varphi_{ego}) \\ 0 & cos(\varphi_{ego}) & T_Z \cdot cos(\varphi_{ego}) \\ 0 & 0 & cos(\varphi_{ego}) \end{pmatrix}. \quad (4.47)$$

Die Transformation der Eigenposition ist somit in (4.42) integriert zu

$$\begin{aligned} d_{x2,ego} &= d_{x,ego,k} \cdot cos(\varphi_{ego}) + d_{y,ego,k} \cdot sin(\varphi_{ego}) \\ d_{y2,ego} &= -d_{x,ego,k} \cdot sin(\varphi_{ego}) + d_{y,ego,k} \cdot cos(\varphi_{ego}) \end{aligned}. \quad (4.48)$$

Das erste Moment der Systemgleichung (4.32) ist somit

$$\bar{X}_{CA,k} = A_{CA}\bar{X}_{CA,k-1} + U_k \quad (4.49)$$

mit der kompensierten Eigenbewegung U_k:

$$U_k = \begin{pmatrix} -d_{x2,ego} \\ 0 \\ 0 \\ -d_{y2,ego} \\ 0 \\ 0 \end{pmatrix}. \quad (4.50)$$

Die KOS-Transformation der Kovarianzmatrix Q_k berechnet sich mit Hilfe der Rotationsmatrix C zu

$$Q_{CA,k} = CQ_kC^T \quad (4.51)$$

mit

$$C = \begin{pmatrix} cos(\varphi) & 0 & 0 & sin(\varphi) & 0 & 0 \\ 0 & cos(\varphi) & 0 & 0 & sin(\varphi) & 0 \\ 0 & 0 & cos(\varphi) & 0 & 0 & sin(\varphi) \\ -sin(\varphi) & 0 & 0 & cos(\varphi) & 0 & 0 \\ 0 & -sin(\varphi) & 0 & 0 & cos(\varphi) & 0 \\ 0 & 0 & -sin(\varphi) & 0 & 0 & cos(\varphi) \end{pmatrix}. \quad (4.52)$$

Dabei ist φ φ_{ego}.

4.3.3 Parallel-Prädiktionsmodell

Während sich die Längs- und Querbewegung einer translatorischen Dynamik leicht entkoppeln lassen, sind sie in einem rotatorischen Manöver grundsätzlich nicht mehr trennbar. Ist aber die Aktualisierungsrate eines drehenden Objekts hoch genug, durch z.B. hochfrequente Beobachtungen von Sensoren, so kann die rotatorische Bewegung durch viele zyklusweise translatorische Bewegungen ähnlich der numerischen Lösung der Integration approximiert werden. Dank der asynchronen Datenverarbeitung des vorzustellenden Fusionssystems ist diese Bedingung der Aktualisierungsrate bei vielen Objekten erfüllt, sofern sie vom Radar- und Monokamerasensor gemessen wird. Zur Beschreibung der rotatorischen Bewegungen solcher Objekte ist das vorher beschriebene Geradeaus-Prädiktionsmodell hinreichend genau. Die Objekte, die sich im Fernbereich bzw. außerhalb des Erfassungsbereichs des Monokamerasensors finden, bereiten dem System jedoch eine schwierigere Aufgabe. Da in diesem Bereich die Winkelgenauigkeit des Radarsensors mit dem Abstand nachlässt, ist eine plausible Beschreibung der rotatorischen Bewegungen ohne Modellannahme nicht mehr möglich. Zur Bestimmung der Modellannahme priorisiert diese Arbeit die Kernanforderungen der FAS an Objekten. Da sich die komfortorientierten Funktionen, wie ACC, überwiegend für die Objekte im Fernbereich interessieren, steht dieses Anwendungsgebiet im Vordergrund. Wie in der Einleitung kurz eingeführt (siehe Abschnitt 1.1), interessiert sich ACC vor allem für Objekte, die auf dem gleichen Fahrstreifen wie das Eigenfahrzeug fahren. Ähnlich dem Parallelkursmodell in [Jor02] setzt das hierfür eingesetzte Parallel-Prädiktionsmodell die Annahme einer gleichmäßigen Kurvenfahrt von Objekten und Eigenfahrzeug voraus. Die Abb. 4.12 gibt ein Beispiel dafür. Dabei gilt mit sehr geringer Toleranz

$$R_{obj} \approx R_{ego}, \tag{4.53}$$

wobei R_{obj}, R_{ego} die Kurvenradien sind.

Setzt man die Gleichung

$$R = \frac{V}{\dot{\varphi}} \tag{4.54}$$

des Objekts und Eigenfahrzeugs in (4.53) ein, so gilt

$$\frac{V_{obj}}{\dot{\varphi}_{obj}} \approx \frac{V_{ego}}{\dot{\varphi}_{ego}}. \tag{4.55}$$

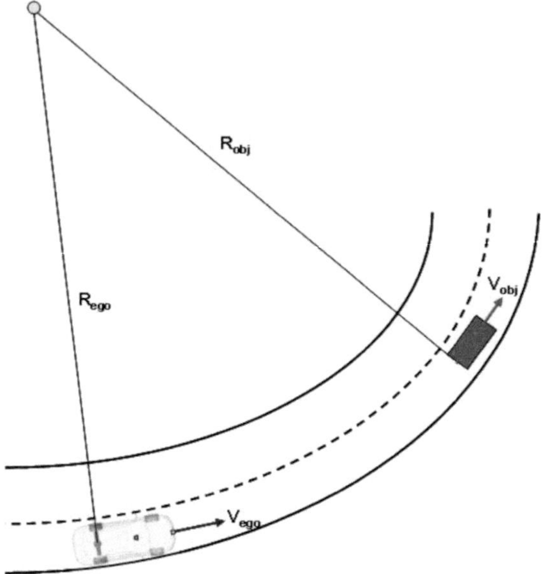

Abbildung 4.12: Parallele Kurvenfahrt

Dabei ist V_{obj} die Längsgeschwindigkeit und $\dot{\varphi}_{obj}$ die Gierrate des Objekts. Daraus lässt sich $\dot{\varphi}_{obj}$ zu

$$\dot{\varphi}_{obj} \approx \frac{V_{obj}}{V_{ego}}\dot{\varphi}_{ego} \tag{4.56}$$

mit

$$V_{obj} = \sqrt{v^2_{x,obj} + v^2_{y,obj}} \tag{4.57}$$

berechnen.

Unter der Annahme einer zyklusweise konstanten Gierrate des Objekts nach (4.56) eignet sich das Kurvenfahrtmodell (CT)[4] besonders gut zur Beschrei-

---

[4]CT: Coordinate Turn

bung dieser Kurvenfahrt. Die Differentialgleichung des CT-Modells ist

$$\dot{X}_{CT} = \begin{pmatrix} \dot{d_x} \\ \dot{v_x} \\ \dot{a_x} \\ \dot{d_y} \\ \dot{v_y} \\ \dot{a_y} \end{pmatrix} = \begin{pmatrix} v_x \\ a_x \\ -\dot{\varphi}_{obj}^2 \cdot v_x \\ v_y \\ a_y \\ -\dot{\varphi}_{obj}^2 \cdot v_y \end{pmatrix}. \tag{4.58}$$

Dabei gilt zwischen den Geschwindigkeiten und Beschleunigungen eine feste Beziehung:

$$a_x = -\dot{\varphi}_{obj} \cdot v_y, \tag{4.59}$$
$$a_y = \dot{\varphi}_{obj} \cdot v_x. \tag{4.60}$$

Die zeitdiskrete Systemmatrix ist

$$A_{CT} = \begin{pmatrix} A(\dot{\varphi}_{obj}) & 0 \\ 0 & A(\dot{\varphi}_{obj}) \end{pmatrix} \tag{4.61}$$

mit der Hilfsmatrix

$$A(\dot{\varphi}_{obj}) = \begin{pmatrix} 1 & \frac{sin(\dot{\varphi}_{obj}T_Z)}{\dot{\varphi}_{obj}} & \frac{1-cos(\dot{\varphi}_{obj}T_Z)}{\dot{\varphi}_{obj}^2} \\ 0 & cos(\dot{\varphi}_{obj}T_Z) & \frac{sin(\dot{\varphi}_{obj}T_Z)}{\dot{\varphi}_{obj}} \\ 0 & -\dot{\varphi}_{obj} \cdot sin(\dot{\varphi}_{obj}T_Z) & cos(\dot{\varphi}_{obj}T_Z) \end{pmatrix}. \tag{4.62}$$

Die Transformation der Systemzustände in das aktuelle System-KOS ist analog zu dem Geradeaus-Prädiktionsmodell mit

$$A_{CT} = C \begin{pmatrix} A(\dot{\varphi}_{obj}) & 0 \\ 0 & A(\dot{\varphi}_{obj}) \end{pmatrix} C^T, \tag{4.63}$$

wobei C die Rotationsmatrix nach (4.52) ist. Die Kovarianzmatrix des Systemrauschens ist analog zu (4.51) mit

$$Q_{CT,k} = \tilde{C} Q_k \tilde{C}^T. \tag{4.64}$$

Dabei ist $\tilde{C}$ die analoge Rotationsmatrix zu C mit dem Unterschied, dass der Winkel φ_{ego} durch $\tilde{\varphi}$ ersetzt wird. Der Winkel $\tilde{\varphi}$ bezeichnet hierbei die relative Drehbewegung der Längsachsen des Objekts und Eigenfahrzeugs und berechnet sich zu

$$\begin{aligned} \tilde{\varphi} &= \varphi_{obj} - \varphi_{ego} \\ &= (\dot{\varphi}_{obj} - \dot{\varphi}_{ego}) \cdot T_Z. \end{aligned} \tag{4.65}$$

Diese Änderung ist damit zu begründen, dass bei einer identischen Gierrate vom Objekt und Eigenfahrzeug das Systemrauschen rotationsinvariant ist. Außerdem geht das Parallel-Prädiktionsmodell bei verschwindender Eigengierrate bzw. Objektgierrate in das Geradeaus-Prädiktionsmodell über wie hier gezeigt wird:

$$\frac{sin(\dot{\varphi}_{obj}T_Z)}{\dot{\varphi}_{obj}} \overset{\dot{\varphi}_{obj}\to 0}{\longrightarrow} T_Z \tag{4.66}$$

$$\frac{1 - cos(\dot{\varphi}_{obj}T_Z)}{\dot{\varphi}_{obj}^2} \overset{\dot{\varphi}_{obj}\to 0}{\longrightarrow} 0.5 \cdot T_Z^2 \tag{4.67}$$

$$cos(\dot{\varphi}_{obj}T_Z) \overset{\dot{\varphi}_{obj}\to 0}{\longrightarrow} 1 \tag{4.68}$$

$$-\dot{\varphi}_{obj} \cdot sin(\dot{\varphi}_{obj}T_Z) \overset{\dot{\varphi}_{obj}\to 0}{\longrightarrow} 0. \tag{4.69}$$

4.3.4 Assoziation mit Radardaten

In diesem Abschnitt wird die Assoziation mit Radardaten beschrieben. Die Themen sind einerseits die Erweiterung des klassischen JPDA-Verfahren zur Behandlung der Objektausdehnung und zu einer rechnertauglichen Approximation der Lösung. Andererseits werden die systematischen Messfehler des Radarsensors, vor allem die Reflexwanderung sowie der Nebenkeuleneffekt, analysiert und modellbasiert abgeschwächt.

Modellierung ausgedehnter Objekte

Die technischen Daten des in dieser Arbeit eingesetzten Radarsensors sind in der Tabelle 4.2 zusammengefasst. Die Trennfähigkeiten des Radarsensors zeigen, wie weit sich zwei Reflexpunkte von einander entfernen müssen, bis der Radarsensor sie tatsächlich als zwei separate Reflexe erkennen kann. Unterhalb dieser Grenze erkennt der Radarsensor die beide Reflexpunkte nur als einen Reflex. Die Folge daraus ist, dass ein ausgedehntes Objekt wie ein PKW oder LKW vom Radarsensor nur mit begrenzter Anzahl von Reflexen (typischerweise eins bis vier) detektiert wird (siehe Abb. 4.13).

Die Verteilung der Reflexe ist stark abhängig von der Ausdehnung des Fahrzeugs und kann nicht mehr als einfache Gauß'sche Verteilung um die Mitte der Objekthinterkante modelliert werden. Anders als bei Kamera- oder Lidarsensoren, die die Ausdehnung eines Objekts direkt messen und dadurch eine direkte Schätzung der Mitte der Objekthinterkante ermöglichen [Str01],

	Reichweite	Genauigkeit	Trennfähigkeit
Distanz [m]	0.5...250	0.2	0.6
Relative Geschwindigkeit [m/s]	-90...+30	0.12	0.6
Winkel [°]	-15...+15	0.1...0.5	3

Tabelle 4.2: Technische Daten des LRR.

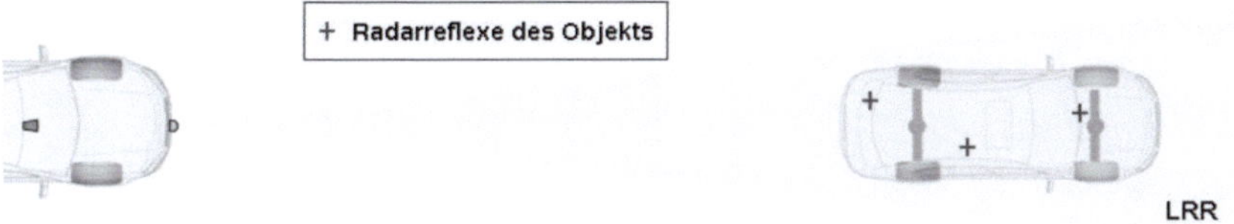

Abbildung 4.13: Typische Radarreflexe eines Fahrzeugs.

[Str02], [Idl06], [Cra03], ist die Schätzung der Objektmitte mit einem Radarsensor auf Grund der nicht Gauß'schen Verteilung deutlich schwieriger. In [Gil05], [Ver04] wurden Methoden mit Partikel-Filter und Gaussian Mixture zum Lösen des Problems vorgestellt. Dabei wird versucht, die Ausdehnung eines Objekts durch verteilte Partikel oder zusammengesetzte Gaußverteilungen darzustellen. In [Jor02] stellte Jordan ein sog. wahrscheinlichkeitsbasiertes Objektausdehnungsmodell vor. Darin erweiterte er die Gauß'sche Verteilung der Reflexe in Längs- und Querrichtung dadurch, dass sie mit einer ausdehnungsabhängigen Varianz beaufschlagt wurden (siehe Abb. 4.14). Dieses Modell zeichnet sich durch seine einfache Modifikation der Varianz und einer leichten Integration in die herkömmlichen Filter aus. Deshalb wird das Modell auch in dieser Arbeit eingesetzt.

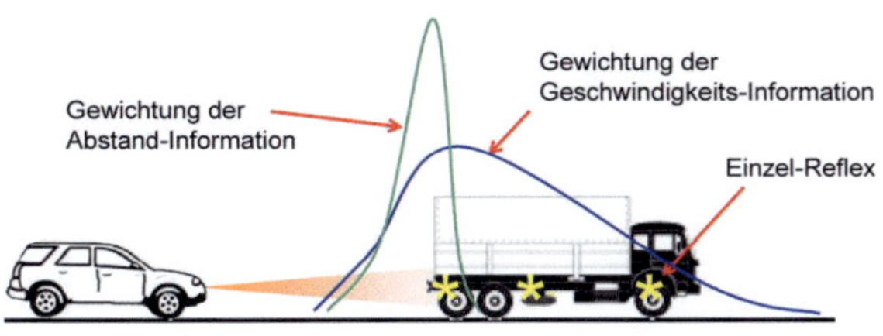

Abbildung 4.14: Objektausdehnungsmodell in Längsrichtung [Jor02].

Behandlung der Reflexwanderung

Durch Untersuchung von Fahrzeugen, die auf einem Drehteller vermessen wurden, hat Jordan festgestellt, dass der momentane Ursprung des Reflexes stark vom aktuellen Ansichtswinkel des Radarsensors abhängig ist [Jor02]. Insbesondere an Front- und Hinterkante des Fahrzeugs wies die Fahrzeug-Rückstreuung eine kreisförmige Verteilung auf (siehe Abb. 4.15). Aus diesem Ergebnis wurde ein Modell zur Berechnung des momentanen Ursprungs vom Reflex in Abhängigkeit des Ansichtswinkels vorgestellt.

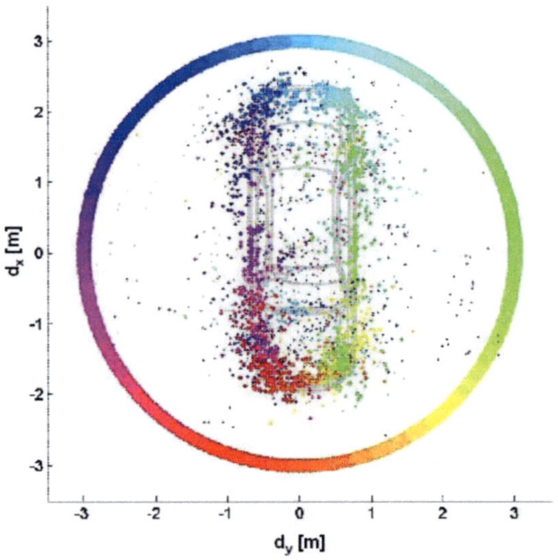

Abbildung 4.15: Fahrzeug-Rückstreuverhalten in Abhängigkeit des Ansichtswinkels [Jor02].

Gegeben sei ein verfolgtes Objekt mit aktuellem Längs- und Querabstand $d_{x,obj}, d_{y,obj}$ relativ zum Radarsensor. Der aktuelle Gierwinkel des Objekts beträgt relativ zum System-KOS φ_{obj} (siehe Abb. 4.16). Aus der Abbildung ist der aktuelle Ansichtswinkel der Objektmitte

$$\theta_{obj} = tan\left(\frac{d_{y,obj}}{d_{x,obj}}\right). \tag{4.70}$$

Die kreisförmige Verteilung der Fahrzeug-Rückstreuung wird hier durch einen Kreis mit Radius von R_r, desses Zentrum auf der blau markierten

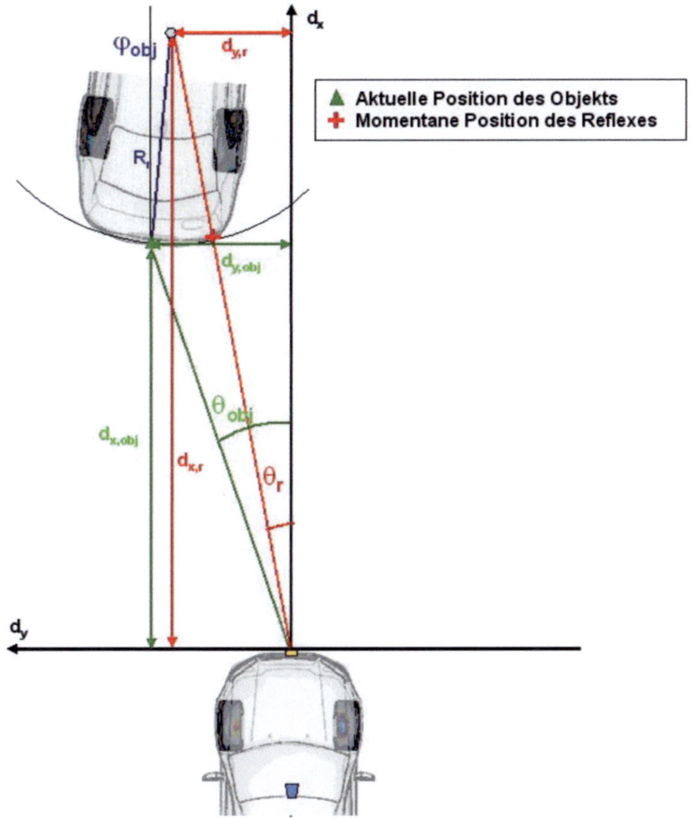

Abbildung 4.16: Berechnung der Reflexverschiebung.

Fahrzeugachse des Objekts liegt, wiedergegeben. Verbindet man den Radarsensor mit dem Zentrum durch eine Gerade (rot dargestellt), so lässt sich die zu erwartende Position des Reflexes mit

$$\theta_r = tan\left(\frac{d_{y,r}}{d_{x,r}}\right) \tag{4.71}$$

berechnen, wobei $d_{x,r}, d_{y,r}$ der Längs- und Querabstand des Zentrums ist:

$$d_{x,r} = d_{x,obj} + R_r \cdot cos(\varphi_{obj}), \tag{4.72}$$
$$d_{y,r} = d_{y,obj} + R_r \cdot sin(\varphi_{obj}). \tag{4.73}$$

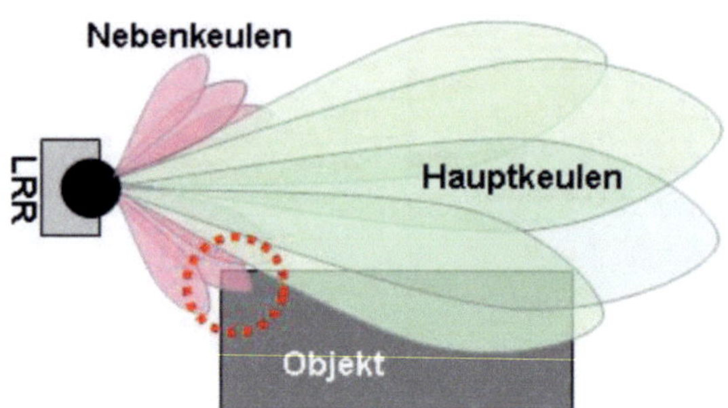

Abbildung 4.17: Haupt- und Nebenkeulen des Radarsensors.

Daraus kann ein Korrekturwinkel für das Objekt zu

$$\Delta\theta_{obj} = \theta_{obj} - \theta_r \tag{4.74}$$

berechnet werden. Addiert man diesen Korrekturwinkel auf aktuelle Messwinkel, so erhält man im Mittel eine genauere Schätzung der Objektmitte. Obwohl das Modell der Reflexverschiebung aus dem Drehtellertest mit einem PKW abgeleitet ist, zeigt es jedoch eine hohe Genauigkeit auch bei LKW. Andere Objekte, die keine oder eine sehr kleine Ausdehnung bzl. des Fahrzeugs haben, wie Fußgänger und Motorräder, weisen eine vernachlässigbare Reflexverschiebung auf.

Behandlung des Nebenkeuleneffekts

Im Folgenden wird die Auswirkung der Nebenkeulen des Radarsensors näher untersucht. Aufgrund der Abstrahl-Charakteristik jeder Antenne gibt es neben der Hauptstrahlrichtung auch Nebenstrahlrichtungen. Diese können im Antennendiagramm Mehrdeutigkeiten bei der Winkelbestimmung aufweisen. Wie in Abb. 4.17 dargestellt, existieren viele Nebenkeulen neben den vier Hauptkeulen des Radarsensors.

Innerhalb des Detektionsbereichs der Hauptkeulen ist der Radarsensor in der Lage, die lateralen Winkel eines Objekts nach dem vordefinierten Antennendiagramm zu ermitteln, weil dort die Hauptkeulen leistungsmäßig dominant sind. Sobald sich das Objekt aber im Randbereich der Hauptkeulen befindet, ändert sich das Leistungsverhältnis zwischen den Haupt- und Nebenkeulen. Die Winkelbestimmung nach dem Antennendiagramm wird mit steigender Gewichtung der Nebenkeulen ungenauer. Das verursacht nicht nur eine größere Messvarianz, sondern auch einen systematischen Messfehler. Da die Hauptkeulen in diesem Randbereich die Objekthinterkante nicht mehr detektieren können, verliert das vorher beschriebene Reflexmodell auch seine Gültigkeit.

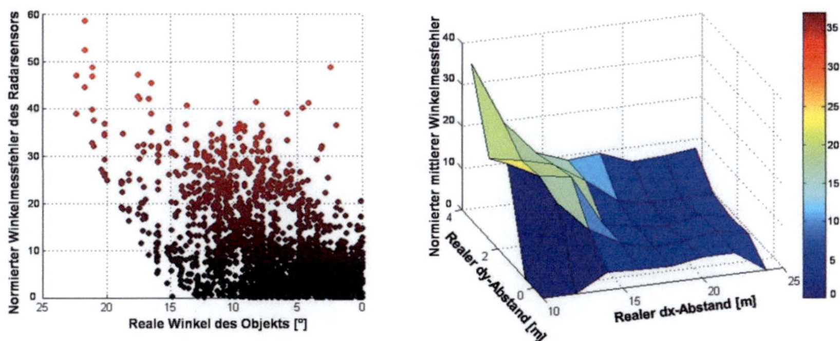

Abbildung 4.18: Winkelmessfehler des Radarsensors.

Um den Nebenkeuleneffekt zu untersuchen, wurde in dieser Arbeit eine Reihe von Messungen durchgeführt. Bei diesen wurde ein Fahrzeug ständig im Bereich der Nebenkeulen bewegt. Als Referenzsensor diente dabei der Monokamerasensor. Die gespeicherten Messwinkel des Radarsensors ermöglichen eine anschauliche Darstellung des Nebenkeuleneffekts. Da die Antennen des Radarsensors symmetrisch gebaut sind, zeigen die Winkelmessfehler auf der linken und rechten Seite gleichen Charakter. Es wird daher der absolute Winkelmessfehler analysiert. Im Folgenden werden die Messergebnisse gezeigt. Um eine bessere Darstellung zu ermöglichen wird der absolute Winkelmessfehler auf einen Referenzwinkel normiert. In Abb. 4.18 sind der absolute Winkelmessfehler und mittlere absolute Winkelmessfehler des Radarsensors bezüglich der vom Kamerasensor gemessenen tatsächlichen Winkel des Objekts dargestellt. Auf Grund der symmetrischen Auslegung der Radarantennen werden hier nur die Winkel der linken Seite des Radarsensors gezeigt. Hierbei ist zu sehen, dass im Detektionsbereich der Hauptkeulen (± 15 Grad) der Winkelmessfehler einen sehr kleinen Wert annimmt. In diesem Bereich wird die Hinterkante des Objekts von den Hauptkeulen ständig erfasst. Allerdings steigt der Messfehler mit dem Übergang in den Randbereich, einem großen dy-Abstand und einem kleinen dx-Abstand, d.h. einen großen Winkel über 15 Grad, überproportional. Der Grund dafür ist, die oben genannte Verschiebung der Ausrichtung der Strahlungen. Dieser Bereich ist eigentlich schon außerhalb des vorgegebenen Erfassungsbereichs des

Radarsensors. Aufgrund der Nebenkeulen wird das Objekt aber weiterhin detektiert. Je weiter sich eine Nebenkeule nach Außen dreht, desto größer ist der Winkelmessfehler. Das vorher beschriebene Reflexmodell kann zwar den Messfehler verringern, deckt aber nicht den ganzen Modellfehler ab.

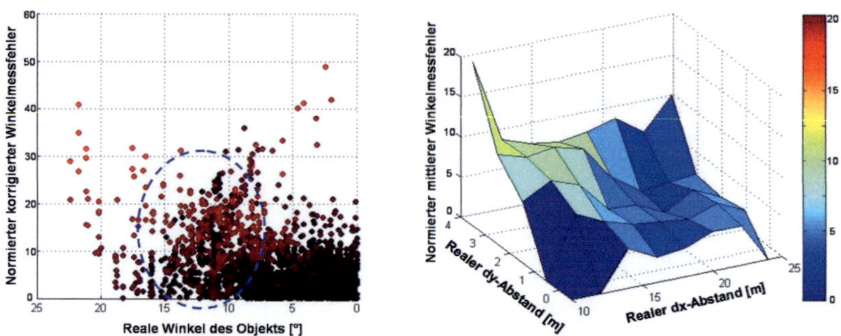

Abbildung 4.19: Durch das Reflexmodell korrigierter Winkelmessfehler des Radarsensors.

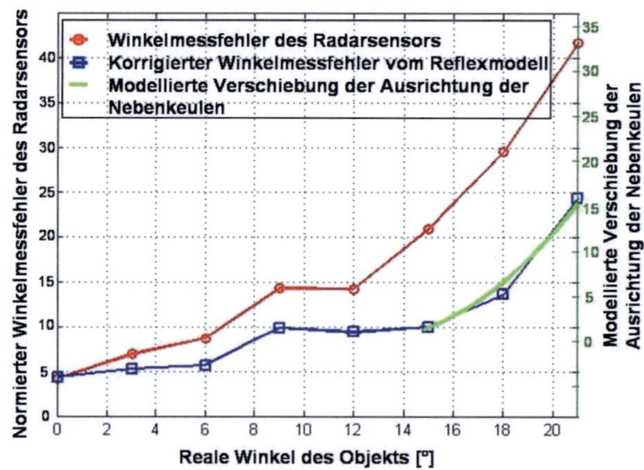

Abbildung 4.20: Mittlere Winkelmessfehler und das Verschiebungsmodell der Ausrichtung der Nebenkeulen.

In Abb. 4.19 sind die durch das Reflexmodell korrigierten Winkel dargestellt. Daraus ist deutlich zu sehen, dass das Reflexmodell den Winkelmessfehler im ganzen Bereich verringert, insbesondere im markierten Bereich zwischen 10-15 Grad, wenn die Hinterkante des Objekts gerade noch innerhalb des

Detektionsbereichs der Hauptkeulen liegt. Allerdings bleibt ein Restfehler im Randbereich zurück.

In Abb. 4.20 sind der mittlere absolute Winkelmessfehler des Radarsensors und des Reflexmodells bezüglich des tatsächlichen Winkels dargestellt. Dort ist auch ein klarer überproportionaler Anstieg beim Reflexmodell zu erkennen. Wie oben erwähnt, spiegelt diese Steigung die Verschiebung der Ausrichtung der Nebenkeulen wider. Aus dieser Kenntnis wurde in dieser Arbeit ein Verschiebungsmodell zur Kompensation des Nebenkeuleneffekts entwickelt. Das Modell beschreibt die Verschiebung der Ausrichtung der Nebenkeulen mit Hilfe einer parabelförmigen Funktion. Das Ergebnis des Modells ist in Abb. 4.20 direkt mit den Winkelmessfehlern dargestellt.

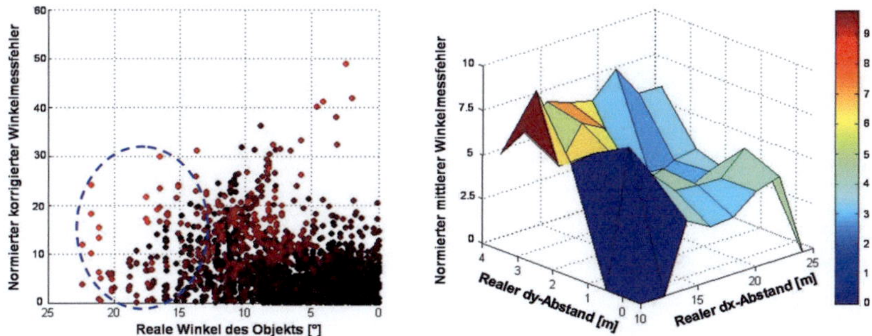

Abbildung 4.21: Durch das Verschiebungsmodell korrigierter Winkelmessfehler des Radarsensors.

Durch Einbringen des Verschiebungsmodells in das System ist es gelungen, der Nebenkeuleneffekt zu unterdrücken, bzw. den systematischen Winkelmessfehler im Randbereich zu korrigieren. Die Ergebnisse der korrigierten Winkel nach dem Verschiebungsmodell sind in Abb. 4.21 und 4.22 dargestellt. Die Korrektur mit dem Verschiebungsmodell zeigt eine eindeutige Verbesserung beim Winkelmessfehler insbesondere im Randbereich. Der bleibende Winkelmessfehler in Abb. 4.22 entspricht dem des statistischen Winkelmessfehlers des Radarsensors im Hauptkeulenbereich. Im Folgenden sind mit Messwinkeln des Radarsensors immer die durch das Reflex- und Verschiebungsmodell korrigierten Winkel gemeint, sofern kein besonderer Hinweis gegeben ist.

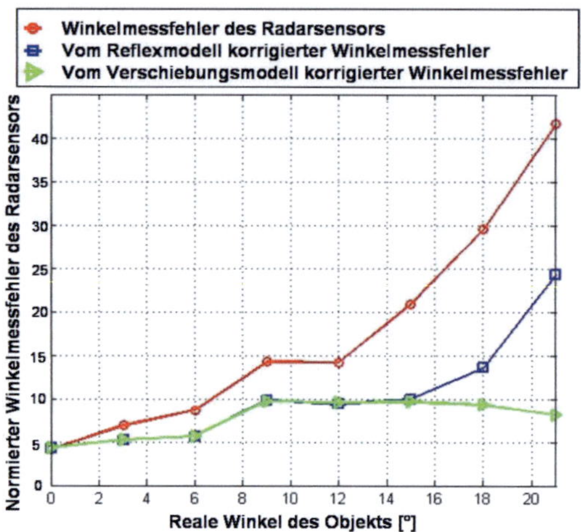

Abbildung 4.22: Mittlerer Winkelmessfehler.

Zweischrittiges Cheap JPDA-Verfahren

Wie im Unterabschnitt 3.2.4 vorgestellt, ist das JPDA-Verfahren eine leistungsfähige Assoziationsmethode für die Mehrziel-Objektverfolgung und hat schon breiten Einsatz gefunden. Aufgrund des hohen Bedarfs an Speicher und Rechenleistung muss das klassische JPDA-Verfahren zunächst einen vereinfachten Weg finden, um sich auch im Automobilbereich durchzusetzen. In [Hof06] stellen Hoffmann und Dang eine einfache Methode zur Berechnung der Assoziationswahrscheinlichkeit für eine einzelne Zuordnung. Dort berechnet sich die Assoziationswahrscheinlichkeit unter Messdaten und einem Objekt direkt aus der Likelihood-Funktion unter gezielter Berücksichtigung aller zum Objekt und zu den Messdaten gehörigenden Wahrscheinlichkeiten anstatt der gesamten Wahrscheinlichkeiten aller Objekte und Messdaten. Die Komplexität der Zuordnungsmöglichkeiten blieb allerdings unberührt.

Im Folgenden wird das hier eingesetzte zweischrittige Cheap JPDA (CJPDA)-Verfahren vorgestellt. Da die Zahl der benötigten Berechnungen der Assoziationswahrscheinlichkeiten exponentiell mit der Anzahl von Mehrdeutigkeiten der Zuordnungen steigt, stellt sich als wichtiges Ziel dieser Methode dar, die Anzahl der Mehrdeutigkeiten klein zu halten. Das wird durch eine zweischrittige Methode mit einer Vor- und Hauptassoziation realisiert. Die Vorassoziation folgt der in [Jor02] vorgestellten Idee. Dabei handelt es sich nicht um eine wahrscheinlichkeitsbasierte, sondern um eine auf einem Objektmodell basierende Methode. Unter Ausnutzung der präzisen Abstands- und Geschwindigkeitsmessung des Radarsensors ist die Aussage abzuleiten, dass innerhalb eines engen Raums um die Objektzustände $d_{x,obj}, d_{y,obj}, v_{r,obj}$ Messdaten mit Sicherheit zu diesem Objekt gehören. Wenn das Objekt sich bisher innerhalb der Verfolgung als sehr plausibel gezeigt hat, wird es im System als renommiertes Objekt bezeichnet. Man geht für jedes renommierte Objekt von einer minimalen Länge und Breite aus und nimmt an, dass die Messdaten innerhalb des Bereichs (sog. Exklusivbereich) nur zu diesem Objekt gehören können. Abb. 4.23 zeigt ein Beispiel. Gegeben sei ein renommiertes Objekt 1. Neben ihm findet sich noch ein anderes Objekt 2. Der Radarreflex hat die Messwerte (d_r, v_r, θ). Wie das Bild zeigt, liegt der Reflex in dem Exklusivbereich von Objekt 1. Dabei gelten

$$-L_1 \leq d_{x,R} - d_{x,obj1} \leq L_2 \tag{4.75}$$

$$|v_r - v_{r,obj1}| \leq \Delta V_r \tag{4.76}$$

$$|d_{y,R} - d_{y,obj1}| \leq \Delta D_y \tag{4.77}$$

mit

$$d_{x,R} = d_r \cdot cos(\theta), \tag{4.78}$$

$$d_{y,R} = d_r \cdot sin(\theta). \tag{4.79}$$

Dabei sind $d_{x,R}$ und $d_{y,R}$ abgeleitete Größen aus den Radardaten, $d_{x,obj1}$ und $d_{y,obj1}$ Zustandsgrößen des Objekts 1 und $v_{r,obj1}$, die nach dem Beobachtermodell (siehe Unterabschnitt 4.2.1) transformierte relative Geschwindigkeit des Objekts 1. L_1 und L_2 sind zwei Modellparameter. Diese unsymmetrische Auslegung der beiden Parameter kommt deshalb zustande, weil die Reflexverschiebung asymmetrisch ist. Die Parameter $\Delta V_r, \Delta D_y$ sind im System klein gewählt, damit keine mehrdeutige Zuordnung entstehen kann. Obwohl der Reflex auch innerhalb des Suchfensters (siehe Abschnitt 3.2) von Objekt 2 liegt, wird deren Zuordnung zu Objekt 2 in diesem Fall nicht gestattet.

Nach der Vorassoziation folgt die Hauptassoziation entsprechend dem JPDA-Verfahren. Die Hauptassoziation findet direkt im Polar-KOS des Radarsensors statt. Das Beobachtermodell des Radarsensors ist im Unterabschnitt 4.2.1 beschrieben. Messprinzipbedingt sind die Messgrößen d_r, v_r und θ voneinander entkoppelt. Dies ermöglicht zwei separate Assoziationen für d_r, v_r und θ. Da d_r und v_r besonders präzise vom Radarsensor gemessen werden, wird zuerst die Assoziation für d_r, v_r und anschließend die für θ durchgeführt.

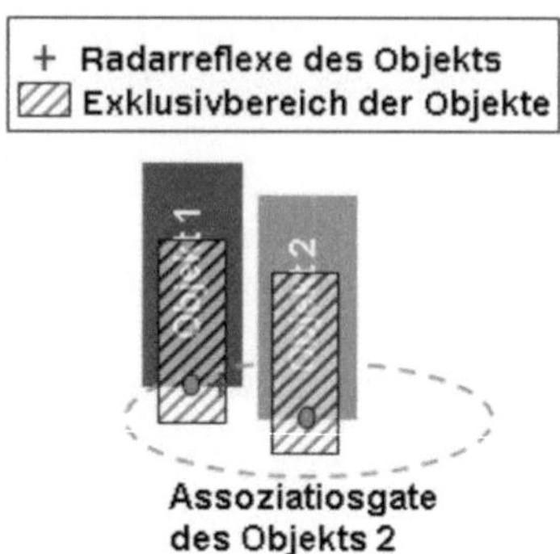

Abbildung 4.23: Beispiel der Vorassoziation.

Wie bei der Modellierung ausgedehnter Objekte vorgestellt, werden die Messvarianzen der Radardaten für das *Gating* mit einer zusätzlichen Varianz, die der Ausdehnung eines Objekts entspricht, erhöht. Dabei gelten

$$\sigma_{r,gating}^2 = \sigma_r^2 + (L_3/2)^2 \tag{4.80}$$

$$\sigma_{\theta,gating}^2 = \sigma_\theta^2 + \left(\frac{\partial\theta}{\partial d_{y,R}}\right)^2 (W_1/2)^2 \tag{4.81}$$

mit

$$\frac{\partial\theta}{\partial d_{y,R}} = \frac{cos(\theta)}{d_r}, \tag{4.82}$$

wobei L_3 die typische Länge eines PKW und W_1 die typische Breite eines PKW ist. Falls ein Objekt mit Radardaten anhand der (d_r, v_r)-Zuordnung erfolgreich assoziiert wird, wird anschließend geprüft, ob das Objekt auch hinsichtlich des Messwinkels den Radardaten zugeordnet werden kann. Wenn diese Zuordnung auch sehr wahrscheinlich ist, wird die Assoziation des Objekts mit den Radardaten als „bestätigt" markiert.

Nach der Assoziation werden nun die Likelihood-Gewichtungen für die Zuordnungen berechnet. Laut Blackman [Bla99] berechnen sich die Likelihood-Gewichtungen der (d_r, v_r)-Zuordnungen zwischen dem Objekt i und den Radardaten j mit

$$p'_{ij,rv} = \frac{P_{m,j}}{\beta_j} \cdot \frac{e^{\frac{-d_{ij,rv}^2}{2}}}{\sqrt{(2\pi)^2 |S_{ij,rv}|}}, \tag{4.83}$$

$$p'_{i0,rv} = 1 - P_{D,i} P_{G,rv}. \tag{4.84}$$

Die Beschreibung über den Mahalanobis-Abstand $d_{ij,rv}$, die Innovation-Kovarianz-Matrix $S_{ij,rv}$ und die *gate*-Wahrscheinlichkeit P_G findet sich im Abschnitt 3.2. $P_{m,j}$ ist die sog. Messwahrscheinlichkeit der Radardaten und $P_{D,i}$ ist die aktuelle Detektionswahrscheinlichkeit des Objekts. β_j ist hierbei die Fehlmessdichte und berechnet sich mit

$$\beta_j = \frac{P_{f,j}}{V_{R,rv}},\tag{4.85}$$

wobei $P_{f,j}$ die Fehlmesswahrscheinlichkeit der Radardaten und V_R das Volumen der Messzelle des Radarsensors ist. Die Größen der Messzellen des Radarsensors in (d_r, v_r) und θ sind $V_{R,rv} = 2m \cdot 1m/s$ und $V_{R,\theta} = 1°$. Wie im Unterabschnitt 2.1.1 beschrieben, hat der eingesetzte Radarsensor eine Vier-Rampen-Modulation und liefert für jeden Reflex bis zu vier geschätzte Winkel. Daher sind die Likelihood-Gewichtungen von θ-Zuordnungen ähnlich den (d_r, v_r)-Zuordnungen

$$p'_{ijn,\theta} = \frac{P_{m,n}}{\beta_n} \cdot \frac{e^{\frac{-d^2_{ijn,\theta}}{2}}}{\sqrt{(2\pi)|S_{ijn,\theta}|}}, \quad n = 1...4 \tag{4.86}$$

$$p'_{i0,\theta} = 1 - P_{D,i}P_{G,\theta}.\tag{4.87}$$

Die Grundidee des JPDA-Verfahrens ist, die mehrdeutigen Messdaten in der Zustandsaktualisierung weniger zu gewichten als die eindeutigen Messdaten. Über diese Idee hinaus wird jede der oben berechneten Likelihood-Gewichtungen der mehrdeutigen Messdaten mit einem JPDA-Faktor $P_{JPDA,ij}$ korrigiert. Der JPDA-Faktor berechnet sich nach Blackman [Bla99] zu

$$p'_{JPDA,ij} = p'_{ij,rv} \cdot \prod_{k\in M, k\neq i} p'_{k0,rv},\tag{4.88}$$

$$P_{JPDA,ij} = \frac{p'_{JPDA,ij}}{\sum_{k\in M} p'_{JPDA,kj}}.\tag{4.89}$$

Dabei sind M alle mit den Messdaten j assoziierten Objekte. Die korrigierten Gewichtungen sind somit

$$p'_{ij} = p'_{ij} \cdot P_{JPDA,ij}.\tag{4.90}$$

Die normierten Assoziationsgewichtungen der Messdaten sind

$$p_{ij,rv} = \frac{p'_{ij,rv}}{\sum p'_{ij,rv} + p'_{i0,rv}} \tag{4.91}$$

$$p_{0,rv} = \frac{p'_{0,rv}}{\sum p'_{ij,rv} + p'_{i0,rv}} \tag{4.92}$$

$$p_{ij,\theta} = \frac{p'_{ij,\theta}}{\sum p'_{ij,\theta} + p'_{i0,\theta}} \tag{4.93}$$

$$p_{0,\theta} = \frac{p'_{0,\theta}}{\sum p'_{ij,\theta} + p'_{i0,\theta}}. \tag{4.94}$$

4.3.5 Assoziation mit Monokameradaten

Um die Systemanforderungen an die eingesetzten Hardware-Komponenten möglichst gering zu halten, ist im eingesetzten Kamerasensor absichtlich keine Oberflächenschätzung der Fahrbahn eingebaut. Außerdem muss das System auf einen Nickwinkelsensor, der den aktuellen Nickwinkel des Eigenfahrzeug bzw. des Kamerasensors misst, verzichten. Diese Randbedingungen haben auf den Aufbau der Assoziation mit den Monokameradaten einen entscheidenden Einfluss. Obwohl Stein in [Ste03] eine Möglichkeit für die Transformation von Kamera-KOS in Radar-KOS vorstellt, ist eine robuste, auf Wahrscheinlichkeit basierende Assoziation mit Kameradaten im klassischen Sinne nahezu unmöglich. Zu den Hindernissen zählt nicht nur der Messfehler der Objektunterkante, der allein schon einen großen Fehler des Abstands verursacht, sondern auch die Änderung der Fahrbahnoberfläche sowie die Nickbewegung des Eigenfahrzeugs. Die letzten zwei Einflussfaktoren führen bei der Transformation zu einem systematischen Fehler, den die auf Wahrscheinlichkeitsverteilungen basierenden Verfahren, wie das PDA- oder JPDA-Verfahren, nicht abdecken können. Aus diesem Grund wurde in dieser Arbeit eine auf Mustererkennung basierende Assoziation im Kamera-KOS für Monokameradaten entwickelt.

Transformation vom System-KOS in das Kamera-KOS

Objektdetektionen des Kamerasensors enthalten als Zusatzattribute eine Klassentypinformation darüber, ob es sich um einen PKW oder LKW handelt. Für die Assoziation wird aus dieser Information eine Objektbreite w_{typ}

modelliert. Dies basiert auf einem trapezförmigen Klassenmodell:

$$w_{typ} = \begin{cases} W_2 & \text{für Objekt ist ein PKW} \\ W_3 & \text{für Objekt ist ein LKW} \\ f_{W,1} & \text{für Objekt ist zwischen PKW und LKW} \end{cases} \qquad (4.95)$$

W_2, W_3 ist die typische Breite von PKW und LKW. Mit dieser Breite können Zustände eines Objekts vom System-KOS in das Kamera-KOS nach den Gleichungen (4.28, 4.29, 4.30) transformiert werden. $f_{W,1}$ ist eine lineare Funktion abhängig von w_{typ}. Abb. 4.24 zeigt ein Beispiel mit 3 Fahrzeugen auf der Straße. Das Objekt 2 wird vom Kamerasensor detektiert und die Messgrößen betragen $p_{x,K}, p_{y,K}, p_{w,K}$. Aus der Klassentypinformation der Detektion wird die Typbreite w_{typ} berechnet. Nach der Gleichung (4.30) und (2.13) sind die transformierten Breiten der drei Objekte

$$p_{w,i} = \frac{w_{typ,i} \cdot f}{d_{x,i}}, \ i = 1...3 \qquad (4.96)$$

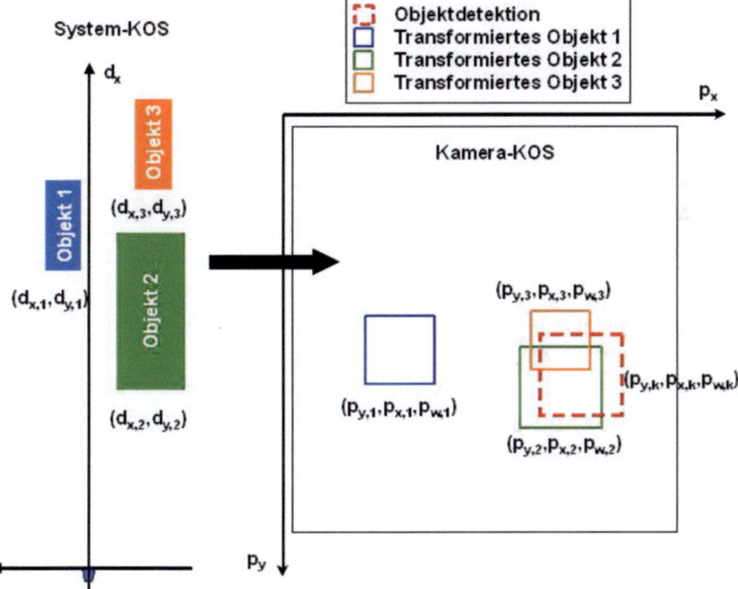

Abbildung 4.24: Transformation vom System-KOS in das Kamera-KOS.

Die Objekthöhen sind durch die Bildsignalauswertung bedingt nicht verfügbar und werden approximativ gleich den Breiten gesetzt. Damit stellen sich die Objekte im Bild als drei Quadrante dar.

Auf Mustererkennung basierende Assoziation

Nach der Transformation der Objekte ins Kamera-KOS werden alle Objekte, deren Quadrante die Detektion überlappen, ausgewählt. Diese sind in dem Beispiel das Objekt 2 und Objekt 3 (siehe Abb. 4.25).

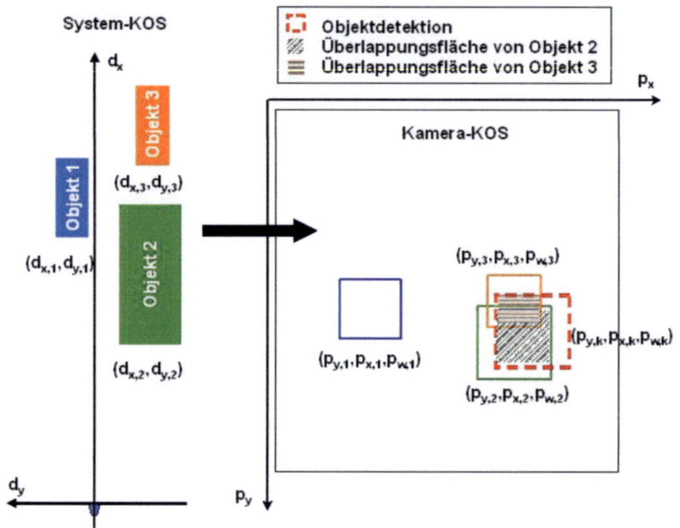

Abbildung 4.25: Überlappungsflächen.

Anschließend werden die Überdeckungsraten p_R berechnet. Dabei werden drei Fälle betrachtet (siehe Abb. 4.26):
Fall 1: Detektion innerhalb des Objekts
Da in dem Fall die Detektion vollständig vom Objekt bedeckt ist, beträgt die Überdeckungsrate $p_R = 1$;
Fall 2: Objekt innerhalb der Detektion
In diesem Fall ist die Überlappungsfläche gleich die Objektfläche und die Überdeckungsrate ist somit $p_R = p_{S,obj}/p_{S,k}$;
Fall 3: Objekt kreuzt die Detektion
In diesem Fall ist die Überdeckungsrate $p_R = p_{S,cross}/p_{S,k}$.

Bei üblichen Nickbewegungen der Kamera findet eine gute Überlappung zwischen Objekt und deren Detektion statt. In Abb. 4.27 ist die Verschiebung der Pixelfläche einer Detektion in Abhängigkeit von Nickwinkeln prozentual dargestellt. Darin wird ein Objekt mit realer Breite von $w = 1.5$ m als

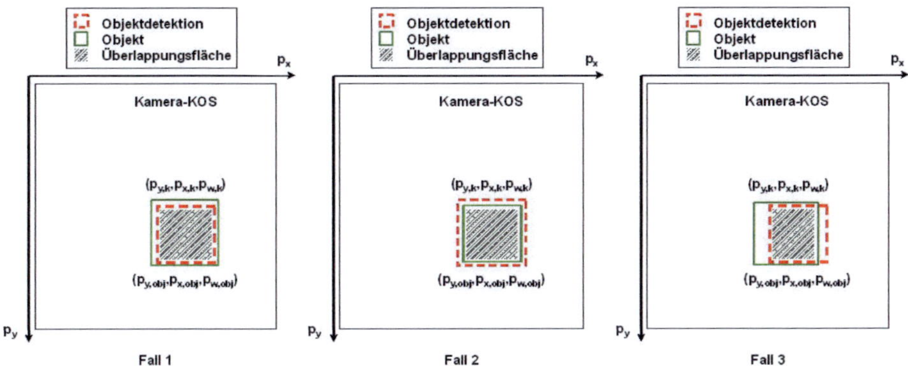

Abbildung 4.26: Berechnung der Überdeckungsrate.

Beispiel benutzt. Mit einem realen Abstand d_x des Objekts und einem Nickwinkel der Kamera von ϕ beträgt die Verschiebung der vertikalen Position des Objekts im Bild

$$\Delta p_y \approx f \cdot \phi. \tag{4.97}$$

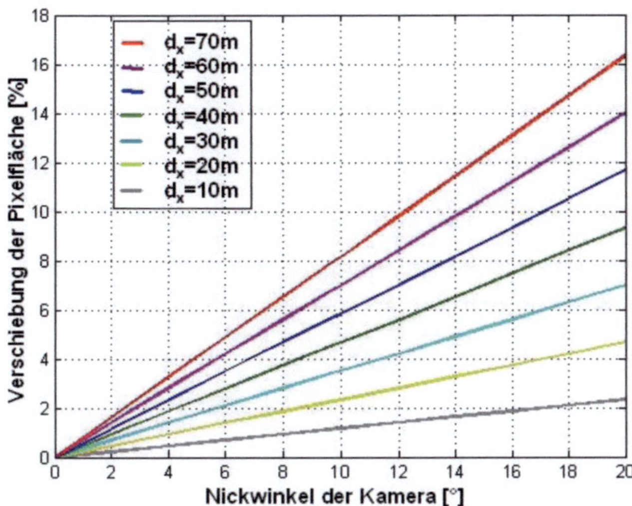

Abbildung 4.27: Verschiebung der Pixelfläche in Abhängigkeit von Nickwinkeln.

Die Verschiebung der Pixelfläche der Detektion ist somit

$$\Delta p_S = p_w \cdot \Delta p_y. \tag{4.98}$$

Setzt man die Gleichung (4.30) in (4.100) ein, so ist die relative Verschiebung der Pixelfläche

$$\Delta p_{S,rel} = \frac{\Delta p_S}{p_w \cdot p_w} \approx \frac{d_x \cdot \phi}{w}. \tag{4.99}$$

Die Abb. 4.27 zeigt die große Bedeutung des Zusammenhangs. Innerhalb des normalen Nickwinkelbereichs von ± 10 Grad ist die Abweichung der Pixelfläche unter 20 Prozent und wird unter Berücksichtigung des px-Fehlers und kleinerer Objektbreiten nicht größer als 30 Prozent. Mit dieser Kenntnis wird die Schwelle der Überdeckungsrate für eine mögliche Zuordnung auf 50 Prozent festgelegt.

Behandlung der Mehrdeutigkeiten der Assoziation auf Basis der Objektklassifikation

Obwohl die Schwelle der Deckungsrate schon hoch gesetzt ist, können trotzdem mehrdeutige Zuordnungen vorkommen. Die Abb. 4.25 zeigt ein Beispiel. Es kommt oft vor, dass sich zwei nahe liegende Fahrzeuge im gleichen Winkelbereich des Kamerasensors bewegen. Das geschieht insbesondere im Mittelbereich des Kamerasensors. Somit haben die beiden Fahrzeuge gute Überdeckungsraten mit der Detektion. Eine Analyse über mögliche Verdeckungen der Objekte im Bild führt zu einer korrekten Assoziation. Durch das Messprinzip bedingt, kann der Kamerasensor ein Objekt, das von einem anderen Objekt zu einem gewissen Anteil seiner gesamten Fläche im Bild verdeckt ist, nicht detektieren. Daher kann ein eindeutiger Schluss über die Assoziation gefolgert werden, nämlich dass die Detektion zum verdeckenden Objekt 2 und nicht zum verrdeckten Objekt 3 gehört. Allerdings kann hier leicht ein Fehler geschehen, wenn beispielsweise ein Fahrzeug vor einem Motorrad oder ein Fahrzeug über einen Gullydeckel fährt. In diesen Fällen wird nur das vordere Fahrzeug statt des hinteren Motorrads oder Gullydeckels vom Kamerasensor detektiert. Eine einfache Entscheidung, dass nur das hintere Objekt vom Kamerasensor gesehen wird, führt zu einer falschen Assoziation. Die Objektklassifikation ist der Schlüssel zur Problemlösung. Sind der Assoziation die Objekttypen vorher bekannt, so kann bei der Analyse der Verdeckungen eine richtige Breite für jedes Objekt nach dem folgenden Klassenmodell eingesetzt werden. Die Methode zur Objektklassifikation wird im Unterabschnitt 4.3.11 vorgestellt. Das Klassenmodell für die Assoziation ist ähnlich des von (4.95):

$$
w_{typ} = \begin{cases} W_2 & f\ddot{u}r \text{ Objekt ist ein PKW} \\ W_3 & f\ddot{u}r \text{ Objekt ist ein LKW} \\ f_{W,2} & f\ddot{u}r \text{ Objekt ist zwischen PKW und LKW} \\ f_{W,3} & f\ddot{u}r \text{ Objekt ist kein Fahrzeug} \end{cases} . \tag{4.100}
$$

Dabei sind $f_{W,2}$ und $f_{W,3}$ zwei lineare Funktionen abhängig von I_{typ} zum Ermitteln der Objektbreite. Falls nach der Analyse der Verdeckungen weiterhin keine eindeutige Assoziation möglich ist, wird diese Detektion als nicht zuordenbar markiert und gelöscht. Das ist erforderlich, weil eine Fehlassoziation der Kameradaten eine falsche Klassifikation eines Objekts bedeutet. Dies ist für viele FAS nicht akzeptierbar. Es werden daher nur verlässliche Assoziationen zugelassen.

Plausibilisierung der Assoziation

Nach der erfolgreichen Assoziation werden nun die Korrektheit der Detektion und die Plausibilität der Assoziation geprüft. Mit der gemessenen Pixelbreite $p_{w,K}$ und dem Abstand $d_{x,obj}$ kann eine gemessene Breite w_K nach (4.30) berechnet werden. Vergleicht man diese Breite mit der zu erwartenden Klassenbreite nach der Klassentypinformation, so können grob fehlerhaft gemessene Detektionen sofort erkannt werden (z.B. eine Fehldetektion auf dem Kennzeichen eines Fahrzeugs). Das Klassenmodell ist dabei

$$
\begin{cases} W_2 \leq w_K \leq W_5 & f\ddot{u}r \text{ Objekt ist ein PKW} \\ W_6 \leq w_K \leq W_7 & f\ddot{u}r \text{ Objekt ist ein LKW} \\ f_{W,4} \leq w_K \leq f_{W,5} & f\ddot{u}r \text{ sonstige Objekte} \end{cases} . \tag{4.101}
$$

W_5 ist die zu erwartende maximale Breite eines PKW. W_6 ist die zu erwartende minimale Breite eines LKW und W_7 die zu erwartende maximale Breite eines LKW. Nur die Detektionen, deren Breiten w_K innerhalb des oben definierten Bereichs liegen, werden akzeptiert. $f_{W,4}$ und $f_{W,5}$ sind lineare Funktionen abhängig von I_{typ} zum Ermitteln der Objektbreite.

Eine kontinuierliche Bewertung der Zuordnungen eines Objekts gibt eine wichtige Information über die Plausibilität der Assoziation. Für ein reales Fahrzeug ist eine kontinuierliche Detektion vom Kamerasensor und eine stabile Assoziation mit dieser Detektion zu erwarten. Für ein virtuelles Objekt sind die beiden Erwartungen dagegen nicht vorhanden. Die Berechnung der Plausibilität der Assoziation Pl wird unten vorgestellt.

Die Likelihood-Funktionen von p_x und p_w nach dem PDA-Verfahren sind die geeigneten Größen, um die Plausibilität der Assoziation quantitativ zu bewerten. Der Grund dafür ist die sehr gute Messgenauigkeit von p_x und p_w. Falls das Objekt vorher nicht vom Kamerasensor detektiert wurde, wird seine Breite für die Berechnung der Plausibilität initialisiert. Die initiale Breite und ihre Varianz sind

$$w_{pl} = p_{w,K} \cdot d_{x,obj} \cdot f, \tag{4.102}$$

$$\sigma^2_{w_{pl}} = \left(\frac{\partial w_{pl}}{\partial p_{w,K}} \right)^2 \cdot \sigma^2_{p_{w,K}} + \left(\frac{\partial w_{pl}}{\partial d_{x,obj}} \right)^2 \cdot \sigma^2_{d_{x,obj}}. \tag{4.103}$$

Die initiale Plausibilität von Pl wird heuristisch auf 0.1 gesetzt. Falls die Breite des Objekts schon initialisiert wurde, können die Likelihood-Funktionen von p_x und p_w nach dem PDA-Verfahren mit

$$p'_{ij,px} = \frac{P_{m,j}}{\beta_j} \cdot \frac{e^{\frac{-d^2_{ij,px}}{2}}}{\sqrt{(2\pi)|S_{ij,px}|}} \tag{4.104}$$

$$p'_{ij,pw} = \frac{P_{m,j}}{\beta_j} \cdot \frac{e^{\frac{-d^2_{ij,pw}}{2}}}{\sqrt{(2\pi)|S_{ij,pw}|}} \tag{4.105}$$

berechnet werden, wobei p'_{ij} die Likelihood-Funktion der Assoziation zwischen Objekt i und Detektion j und β_j die Fehlmesswahrscheinlichkeitsdichte bedeutet. Die Fehlassoziationswahrscheinlichkeiten $p'_{0,px}, p'_{0,py}$ von p_x und p_w sind identisch mit dem Wert von 0.1 ausgelegt. Die Plausibilitätsgewichtung Pl von p_x, p_w lässt sich jeweils mit

$$Pl_{px} = \frac{\sum p'_{ij,px}}{\sum p'_{ij,px} + p'_{0,px}} \tag{4.106}$$

$$Pl_{pw} = \frac{\sum p'_{ij,pw}}{\sum p'_{ij,pw} + p'_{0,pw}} \tag{4.107}$$

$$\tag{4.108}$$

berechnen. Die aktuelle gemessene Plausibilität $Pl_{k,m}$ berechnet sich aus der Multiplikation von Pl_{px} und Pl_{pw}. Die Aktualisierung der Plausibilität folgt dem Markov-Prozess 1. Ordnung. Dabei ist die Übergangsmatrix zwischen „plausibel" und „unplausibel" mit

$$P_{pl} = \begin{pmatrix} 0.95 & 0.05 \\ 0.1 & 0.9 \end{pmatrix} \tag{4.109}$$

ausgelegt. Die prädizierte Plausibilität und der Widerspruch aus dem Vorwissen ergeben sich zu

$$Pl_{k|k-1} = P_{pl,00} \cdot Pl_{k-1} + P_{pl,10} \cdot (1 - Pl_{k-1}), \tag{4.110}$$

$$\bar{Pl}_{k|k-1} = P_{pl,01} \cdot Pl_{k-1} + P_{pl,11} \cdot (1 - Pl_{k-1}). \tag{4.111}$$

Dabei beschreibt Pl_{k-1} die Plausibilität des letzten Zyklus. Daraus lassen sich die aktuelle Plausibilität und der Widerspruch zu

$$Pl_k = \frac{1}{C} \cdot (Pl_m \cdot Pl_{k|k-1}) \tag{4.112}$$

$$\bar{Pl}_k = \frac{1}{C} \cdot (P_0 \cdot \bar{Pl}_{k|k-1}) \tag{4.113}$$

ableiten. Dabei ist P_0 die Fehlassoziationswahrscheinlichkeit und C der Normierungsfaktor. Auf Basis der aktuellen Plausibilität der Assoziation wird entschieden, ob die zugeordneten Kameradetektionen zur Aktualisierung der Objektzustände akzeptiert werden. Wenn Pl_k über 0.9 hinausgeht, werden die Detektionen akzeptiert bzw. nicht akzeptiert wenn Pl_k unter 0.9 liegt.

4.3.6 Adaptive Modellierung der Längsdynamik der Objekte

Wie im Unterabschnitt 3.1.6 diskutiert, müssen die Dynamikmodelle an aktuelle Objektmanöver angepasst werden, um eine robuste Objektverfolgung zu gewährleisten. Die in dieser Arbeit eingesetzte Methode zur adaptiven Modellierung der Längsdynamik wird hier vorgestellt.

Adaptive Modellierung für das Geradeaus-Dynamikmodell

Im Unterabschnitt 4.3.2 wurde das Geradeaus-Prädiktionsmodell vorgestellt. Darin wurde ein CA-Modell eingesetzt. In der Differentialgleichung (4.49) des CA-Modells wurde ein Ruck von Null angenommen. Das Systemrauschen wurde durch ein zeitkontinulierliches Wiener-Rauschen abgebildet. Dabei wurde vorausgesetzt, dass das Systemrauschen zeitlich nicht korreliert ist. Diese Voraussetzung wird jedoch verletzt, wenn ein Objekt einen deterministischen Ruck hat, z.B. bei einem starken Bremsmanöver. Das Resultat ist ein zeitlich korrelierter Modellfehler. Um diesen Fehler abzufangen, muss im Modell eine geeignete Größe zur Erkennung des Objektmanövers gefunden werden. Die radiale relative Geschwindigkeit v_r zeichnet sich dafür durch ihre direkte Abhängigkeit von der Beschleunigung und durch ihre Messbarkeit aus. Da die Eigengeschwindigkeit des Eigenfahrzeugs dem System mit sehr hoher Genauigkeit zur Verfügung steht, hängt die Mess-zu-Prädiktionsabweichung ausschließlich vom Dynamikmodell ab. Mit Hilfe eines Tiefpassfilters kann der zeitlich korrelierte Modellfehler aus der Abweichung ermittelt werden. Die aktuelle Mess-zu-Prädiktionsabweichung $V_{vr,k}$ beträgt

$$V_{vr,k} = v_{r,k} - v_{r,obj,k|k-1}. \tag{4.114}$$

Die gefilterte Abweichung $V_{vr,fil,k}$ berechnet sich in einem Tiefpassfilter zu

$$V_{vr,fil,k} = V_{vr,fil,k-1} + \frac{T_Z}{T_{fil,vr}} \cdot (V_{vr,k} - V_{vr,fil,k-1}), \tag{4.115}$$

wobei T_Z die aktuelle Zyklusdauer und $T_{fil,vr}$ die typische Zeitdauer eines Manövers ist. Dividiert man $V_{vr,fil,k}$ durch eine typische Periodendauer $T_{fil,ax}$ eines Beschleunigungsvorgangs, so bekommt man den mittleren Schätzfehler der Beschleunigung:

$$\Delta \bar{a}_x = \frac{V_{vr,fil,k}}{T_{fil,ax}}. \tag{4.116}$$

Daraus lässt sich das adaptive Modellrauschen mit

$$\tilde{q}_{x,adap} = \frac{\Delta \bar{a}_x}{T_{fil,ax}} \tag{4.117}$$

berechnen. Addiert man $\tilde{q}_{x,adap}$ zum statischen Systemrauschen $\tilde{q}_x$ und berechnet die Kovarianzmatrix neu, so wird die Kovarianzmatrix an das Manöver angepasst. Bei der Berechnung von $\tilde{q}_{x,adap}$ wurde eine Vereinfachung $V_{vr,k} = V_{vx,k}$ getroffen. Diese Vereinfachung kann mit der Kenntnis, dass die Längsgeschwindigkeit eines Objekts auf der Straße deutlich größer als seine Quergeschwindigkeit ist, sowie des beschränkten Erfassungswinkels vom Radarsensor getroffen werden.

Adaptive Modellierung für das Parallel-Dynamikmodell

Das CT-Modell beim Parallel-Prädiktionsmodell setzt eine verschwindend geringe Längsbeschleunigung voraus. Durch Beobachtung der Mess-zu-Prädiktionsabweichung von der Geschwindigkeit kann die Kovarianzmatrix, ähnlich der Methode beim Geradeaus-Modell, durch Aufaddieren von $\tilde{q}_{x,adap}$ zum statischen Systemrauschen $\tilde{q}_x$ ebenfalls angepasst werden. Die Gleichungen sind analog zum Geradeaus-Modell abzuleiten und werden hier nicht aufgeführt.

4.3.7 Adaptive Modellierung der Querdynamik der Objekte

Analog zur Längsdynamik wird die Querdynamik ebenfalls adaptiv modelliert.

Adaptive Modellierung für das Geradeaus-Dynamikmodell

Die im CA-Modell konstant gesetzte Querbeschleunigung verursacht bei starker Querdynamik einen zeitlich korrelierten Fehler. Eine geeignete Größe zur Beobachtung des Fehlers ist der Querabstand d_y. Da nur der Winkel eines Objekts statt des Querabstands direkt von den Sensoren gemessen wird, muss der Längsabstand einbezogen werden:

$$V_{dy,k} = d_{x,k} \cdot (tan(\theta_k) - tan(\theta_{obj,k|k-1})). \tag{4.118}$$

Mit Hilfe eines Tiefpassfilters kann der zeitlich korrelierte Fehler von d_y berechnet werden. Das Tiefpassfilter ist dabei

$$V_{dy,fil,k} = V_{dy,fil,k-1} + \frac{T_Z}{T_{fil,dy}} \cdot (V_{dy,k} - V_{dy,fil,k-1}), \tag{4.119}$$

wobei $T_{fil,dy}$ die Zeitkonstante des Filters ist. Nach zweimaliger Ableitung nach der Zeit mit

$$\Delta \bar{a}_y = \frac{\partial V_{dy,fil,k}}{\partial T_{fil,ay}^2} \tag{4.120}$$

lässt sich der mittlere Schätzfehler der Beschleunigung berechnen. Dabei ist $T_{fil,ay}$ die typische Zeitkonstante der Querbeschleunigung. Daraus ergibt sich das adaptive Modellrauschen

$$\tilde{q}_{y,adap} = \frac{\Delta \bar{a}_y}{T_{fil,ay}}. \tag{4.121}$$

Bringt man $\tilde{q}_{y,adap}$ additiv zu $\tilde{q}_y$ in die Kovarianzmatrix, so wird das Systemrauschen adaptiv an die Querdynamik angepasst.

Adaptive Modellierung für das Parallel-Dynamikmodell

Obwohl das Parallel-Dynamikmodell auch ähnlich des Geradeaus-Dynamikmodells durch $V_{dy,k}$ adaptiv modelliert werden kann, wird es in dieser Arbeit aus folgendem Grund nicht eingesetzt. Durch das Messprinzip bedingt steigt das Winkelmessrauschen des Radarsensors im Mittel- und Fernbereich an. Außerdem lässt die Trennfähigkeit des Radarsensors langsam nach. Vermehrt treten systematische Messfehler auf, wie z.B. Interferenzen oder Leitplankenspiegelungen. Daher sorgt ein kleineres Systemrauschen beim CT-Modell für eine plausiblere Querschätzung und ist deshalb dringend notwendig. Die Erhöhung des Systemrauschens durch die Mess-zu-Prädiktionsabweichung des Querabstands kann die Objektverfolung in instabile Richtung führen. Diesem Gedanken nach wurde in dieser Arbeit nur das Geradeaus-Modell adaptiv modelliert, um die Querdynamik eines Objekts zu verfolgen. Das Parallel-Modell mit kleinem Systemrauschen dient zur Plausibilisierung der Objektverfolgung.

Nach der Definition des Parallel-Dynamikmodells im Unterabschnitt 4.3.3 hängt die Bewegung eines Objekts direkt von der Bewegung des Eigenfahrzeugs ab. Die Modellannahme einer parallelen Kurvenfahrt mit konstanter Gierrate eines Objekts entsprechend des Eigenfahrzeugs kann in bestimmten Fällen verletzt sein. Die typischen Beispiele sind der Spurwechsel oder das Ausscheren des Eigenfahrzeugs. In den Fällen ist eine parallele Kurvenfahrt vom Objekt und Eigenfahrzeug nicht mehr annehmbar. Dieser Modellfehler muss daher beseitigt werden. Da die Bewegung des Objekts im Modell durch die Gierrate mit der Eigenbewegung gekoppelt ist, stellt die zeitliche Änderung der Gierrate vom Eigenfahrzeug eine gute Möglichkeit zur Nachbildung des Modellfehlers dar. Die im Modell konstant gesetzte Gierrate des Objekts berechnet sich nach der Gleichung (4.56). Eine sich zeitlich ändernde Eigengeschwindigkeit und -gierrate verursacht auf der Gierrate des Objekts einen bleibenden Modellfehler. Der Fehler beträgt dabei

$$\Delta\dot\varphi_k = \left| \dot\varphi_{obj,k} - \dot\varphi_{obj,k-1} \right|. \tag{4.122}$$

Dieser Fehler der Gierrate führt zum Modellfehler der Beschleunigung nach dem CT-Modell:

$$\Delta a_{x,k} = \Delta\dot\varphi_k \cdot v_{y,obj,k|k-1} \tag{4.123}$$

$$\Delta a_{y,k} = \Delta\dot\varphi_k \cdot v_{x,obj,k|k-1}. \tag{4.124}$$

Daraus lassen sich die adaptiven Modellrauschen mit

$$\tilde{q}_{x,CT} = \frac{\Delta a_{x,k}^2}{T_Z}, \tag{4.125}$$

$$\tilde{q}_{y,CT} = \frac{\Delta a_{y,k}^2}{T_Z} \tag{4.126}$$

berechnen. Diese adaptiven Modellrauschen werden nun zu der Kovarianzmatrix addiert und der Modellfehler wird damit kompensiert.

4.3.8 Zweistufige Zustandsschätzung mit IMMPDA-Ansatz

Die Suche nach einer effizienten und flexiblen Filter-Strategie ist ein wichtiger Fokus dieser Arbeit. Diese Herausforderung wurde vor allem an zwei Stellen begegnet. Die erste Möglichkeit zur Erhöhung der Effizienz des Filters liegt in der Strategie, wie die zu einem Objekt zugeordneten Messdaten für die Zustandsaktualisierung des Objekts fusioniert werden. Die Lösungsidee dazu ist das Bilden sog. Pseudo-Messdaten nach [Bla99]. Die zweite Möglichkeit ist, ein gemeinsames und modular aufgebautes Filter zur Verarbeitung sowohl von Radar- als auch von Kameradaten zu entwerfen. Dafür wird die Unabhängigkeit der Radarmessung im (d_r, v_r) und θ ausgenutzt. Sie ermöglicht eine separate Filterung von (d_r, v_r) und θ in zwei Schritten und somit eine flexible Kombination von abstandsgebenden und winkelgebenden Sensoren, wie z.B. Radar-, Kamera- und Lidarsensor.

Bilden der Pseudo-Messdaten für die Filterung

In [Bla99] wurde eine Methode zur Zustandsaktualisierung mit dem PDA-Verfahren vorgestellt. In dieser Methode wurden alle einem Objekt i zugeordneten Messdaten zunächst zu Pseudo-Messdaten fusioniert. Die Gewichtung einzelner Messdaten in den Pseudo-Messdaten entsprach ihrer Assoziationsgewichtung nach den Gleichungen (4.91 - 4.94). Die Zustandsaktualisierung folgt nach dem klassischen Kalman Filter mit den Pseudo-Messdaten. Im Vergleich zu dem klassischen PDA-Verfahren hat diese Methode den Vorteil, dass die gewichtungsabhängige Aktualisierung nach dem PDA-Verfahren sichergestellt ist und keine mehrfache Durchführung von Kalman Filter-Schritten (3.22, 3.23) nötig ist. Diese Methode setzt allerdings eine identische Messvarianz für alle Messdaten voraus. Diese Voraussetzung ist leider im Sensorsystem dieser Arbeit nicht gegeben. In [Jor02] wurde eine Erweiterung dieser Methode entwickelt. Dabei betrachtete Jordan alle Messdaten als eine Gauß-Verteilung mit unterschiedlichen Messvarianzen. Das erste und zweite Moment der Pseudo-Messdaten wurde als eine Gauß'sche Mischverteilung aller Messdaten erfasst. Die Gewichtung einzelner Messdaten in der Gauß'schen Mischverteilung war die besonders normierte Assoziationsgewichtung $p_{pseudo,ij}$. Die Berechnungen entsprechen

$$p_{pseudo,ij} = \frac{p_{ij}}{\sum p_{ij}}, \tag{4.127}$$

$$Y_{pseudo,i,k} = \sum p_{pseudo,ij} \cdot Y_{ij,k}, \tag{4.128}$$

und

$$\begin{aligned} R_{pseudo,i,k} &= \sum p_{pseudo,ij} \cdot R_{ij,k} \\ &+ p_{pseudo,ij} \cdot (Y_{ij,k} - Y_{pseudo,i,k}) \cdot (Y_{ij,k} - Y_{pseudo,i,k})^T \cdot \end{aligned} \tag{4.129}$$

Die Assoziationsgewichtung G der Pseudo-Messdaten ist die Summe aller Assoziationsgewichtungen der Messdaten:

$$G = \sum p_{ij}. \tag{4.130}$$

Die Kalman Filter-Gleichungen sind nach (3.22 - 3.24)

$$\bar{X}_{i,k|k} = \bar{X}_{k|k-1} + G \cdot K_{pseudo,i,k} \cdot (Y_{pseudo,i,k} - Y_{i,k|k-1}), \tag{4.131}$$

$$P_{i,k|k} = P_{i,k|k-1} - G \cdot K_{pseudo,i,k} \cdot S_{pseudo,i,k} \cdot K_{pseudo,i,k}^T. \tag{4.132}$$

Dabei ist $K_{pseudo,i,k}$ der Filter-Faktor und $S_{pseudo,i,k}$ die Innovation-Kovarianz-Matrix der Pseudo-Messdaten. Bei der Berechnung von G wird davon ausgegangen, dass die Pseudo-Messdaten die vollständige Information aller Messdaten beinhalten. Das ist jedoch meist nicht der Fall. In der Gauß'schen Mischverteilung ging ein Teil der Information verloren. Dieser Informationsverlust soll ebenfalls bei der Berechnung der Assoziationsgewichtung G berücksichtigt werden. In dieser Arbeit wird daher diese Methode mit einer neuen Berechnung der Assoziationsgewichtung erweitert. Die Assoziationsgewichtung G wird neu berechnet wie:

$$p'_{i,pseudo,rv} = \frac{P_{m,pseudo,i,rv}}{\beta_{pseudo,i,rv}} \cdot \frac{e^{\frac{-d^2_{i,pseudo,rv}}{2}}}{\sqrt{(2\pi)^2 |S_{i,pseudo,rv}|}}, \tag{4.133}$$

$$p'_{i0,rv} = 1 - P_{D,i} P_{G,rv}, \tag{4.134}$$

$$G_{i,rv} = \frac{p'_{i,pseudo,rv}}{\sum p'_{i,pseudo,rv} + p'_{i0,rv}}, \qquad (4.135)$$

$$p'_{i,pseudo,\theta} = \frac{P_{m,pseudo,i,\theta}}{\beta_{pseudo,i,\theta}} \cdot \frac{e^{\frac{-d^2_{i,pseudo,\theta}}{2}}}{\sqrt{(2\pi)^2 |S_{i,pseudo,\theta}|}}, \qquad (4.136)$$

$$p'_{i0,\theta} = 1 - P_{D,i}P_{G,\theta}, \qquad (4.137)$$

$$G_{i,\theta} = \frac{p'_{i,pseudo,\theta}}{\sum p'_{i,pseudo,\theta} + p'_{i0,\theta}}. \qquad (4.138)$$

Die berechneten Pseudo-Messdaten werden auch für die Berechnung der Mess-zu-Prädiktionsabweichung bei der adaptiven Modellierung der Objektdynamik genutzt.

Zweischrittige Zustandsaktualisierung

Die Idee der zweischrittigen Zustandsaktualisierung ist eine sequenzielle Zustandsaktualisierung mit jeder einzeln vorliegenden, neuen Messgröße. In [Dua05] wurde ein sequenzielles UKF zur Objektverfolgung mit einem Radarsensor vorgestellt. Dabei werden die Objektzustände sequenziell mit den Messgrößen θ, d_r und v_r aktualisiert. Die aktualisierten Objektzustände mit der letzten Messgröße sind zugleich die Eingangszustände für die Aktualisierung mit der nächsten Messgröße. Die Vorteile dieser Methode sind erstens die reduzierte Komplexität der einzelnen Aktualisierungen. Zweitens kann das gesamte Ergebnis durch eine optimierte Reihenfolge der Aktualisierungen verbessert werden, z.B. werden die Messgrößen mit höheren Messgenauigkeiten zuerst bearbeitet und dann nachfolgend die ungenaueren Messgrößen. Drittens ermöglicht diese Methode eine modulare Zustandsaktualisierung eines Fusionssystems mit verschiedenen Sensoren. Die Nachteile dieser Methode sind die hohe Anzahl von benötigten Kalman Filtern sowie die Berechnung der Pseudo-Messdaten, um die korrelierten Messgrößen zu entkoppeln.

Aufgrund der Ressourcenbegrenzung des Steuergeräts und des Fokus auf eine Radar-Kamera-Kombination wird die Zustandsaktualisierung dieser Arbeit in zwei Schritten jeweils mit (d_r, v_r) und θ durchgeführt. Dadurch entfällt die Berechnung der Pseudo-Messdaten zum Entkoppeln von d_r und v_r. Die flexible modulare Verarbeitung der Abstands- und Winkelinformation ist damit gewährleistet.

Die Zustandsaktualisierung mit (d_r, v_r) folgt nach den Gleichungen (4.127

- 4.138). Die Likelihood-Gewichtungen der zwei IMM-Modelle sind dabei

$$LH_{m,i,rv} = \sum p'_{m,ij,rv} \quad m = 1,2. \tag{4.139}$$

Nach der Aktualisierung mit (d_r, v_r) muss der prädizierte Winkel des Objekts neu berechnet werden. Die Gleichungen entsprechen (4.5). Die Likelihood-Gewichtungen sind

$$LH_{m,i,\theta} = \sum p'_{m,ij,\theta} \quad m = 1,2. \tag{4.140}$$

IMM-Aktualisierung

Nach der Zustandsaktualisierung der zwei IMM-Modelle werden die neuen Modellwahrscheinlichkeiten $\mu_{m,i}(k)$ zu

$$\mu_{m,i}(k) = \frac{1}{C}\Lambda_{m,i}(k)\mu_{m,i}(k|k-1) \tag{4.141}$$

berechnet (siehe 3.59). Dabei sind $\Lambda_{m,i}(k)$ die kombinierten Likelihood-Gewichtungen mit $\Lambda_{m,i}(k) = LH_{m,i,rv} \cdot LH_{m,i,\theta}$. Die kombinierten Objektzustände sowie die Kovarianz-Matrix ergeben sich nach den Gleichungen (3.60) und (3.61).

Bei der Verarbeitung der Kameradaten wird die Zustandsaktualisierung nur mit θ durchgeführt. Die Likelihood-Gewichtungen $\Lambda_{m,i}(k)$ entsprechen $LH_{m,i,\theta}$.

4.3.9   Initialisieren neuer Objekte im Filter

Nach der Assoziation und Zustandsaktualisierung wird geprüft, ob es „freie" Messdaten gibt, die keinem Objekt zugeordnet werden können. Diese freien Messdaten bezeichnen potenziell neue Objekte und werden deshalb zur Initialisierung neuer Objekte genutzt. Da das System zwei Sensoren besitzt, ist es theoretisch möglich, neue Objekte sowohl aus freien Radardaten, als auch aus freien Kameradaten zu initialisieren. Nach genauerer Untersuchung der Nutzenszenen und Analyse der Messdaten ist allerdings festzustellen, dass eine Initialisierung mit Kameradaten für das System praktisch keine Vorteile bietet. Die wichtigste Nutzenszene für die Objektinitialisierung aus Kameradaten ist die frühe Objektverfolgung von seitlich schnell vorbeifahrenden oder einscherenden Objekten. Es sollte eine frühere Detektion ermöglicht werden. Mit einem typischen Querversatz von 3.5 m betragen die Abstände eines Objekts bei der Erst-Detektion vom Kamerasensor und Radarsensor

$$d_{x,K} = 3.5[m]/tan(20[°]) = 9.6[m], \tag{4.142}$$
$$d_{x,R} = 3.5[m]/tan(15[°]) = 13[m]. \tag{4.143}$$

Der zu erwartende Zeitgewinn durch die frühere Detektion vom Kamerasensor ist somit

$$\Delta T = (d_{x,K} - d_{x,R})/\Delta v_{x,obj}. \tag{4.144}$$

Bei einer größeren relativen Geschwindigkeit von $\Delta v_{x,obj} = 10$ m/s eines vorbeifahrenden Objekts beträgt der Zeitgewinn 0.34 s. In Abb. 4.28, 4.29 und 4.30 ist ein solches Beispiel mit realen Messdaten dargestellt. Dabei fährt ein Objekt von der linken Seite an dem Eigenfahrzeug vorbei. Der Zeitgewinn dabei beträgt hier ca. 0.23 s.

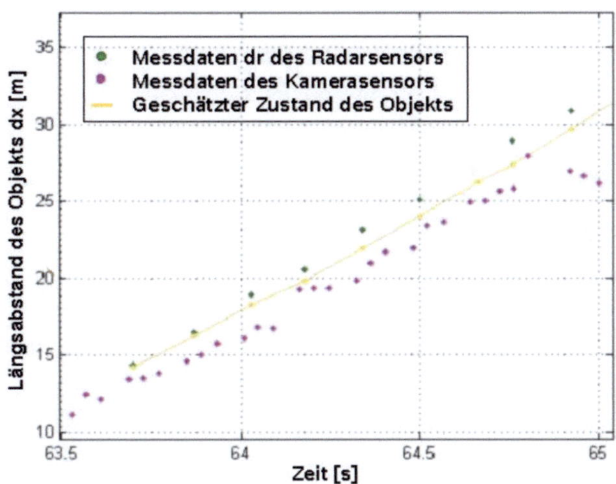

Abbildung 4.28: Längsabstand des Objekts beim Vorbeifahren.

Da für eine korrekte Vorwarnung nicht nur die genaue Position, sondern auch die genaue Geschwindigkeit eines Objekts erfordert wird, braucht das Filter noch Zeit zur Schätzung der Geschwindigkeit des Objekts durch Ableiten der gemessenen Position vom Kamerasensor. Die Plausibilisierung der geschätzten Geschwindigkeit dauert typischerweise 0.2 s. Der reale Zeitgewinn beträgt dadurch nur noch 0.03 s im Vergleich zur Initialisierung vom

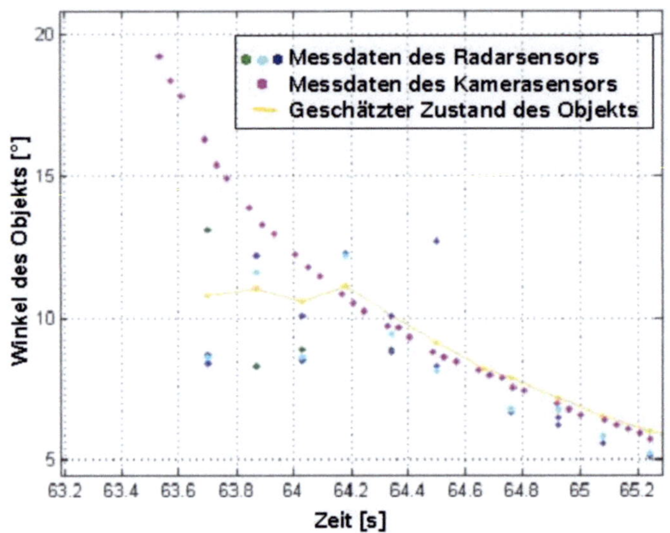

Abbildung 4.29: Winkel des Objekts beim Vorbeifahren

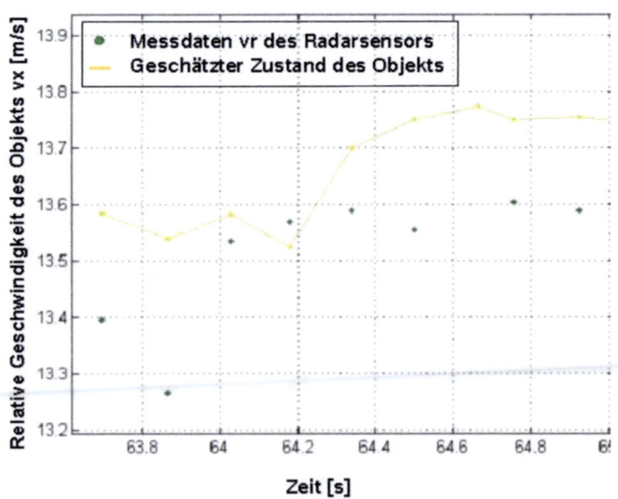

Abbildung 4.30: Relative Geschwindigkeit des Objekts beim Vorbeifahren

Radarsensor. Im Vergleich zu dem kleinen Zeitgewinn erfordern die Initialisierung und Zustandsschätzung allein auf Basis des Kamerasensors einen hohen Aufwand. Eine zusätzliche Schätzung der Fahrbahnoberfläche sowie ein Nickwinkelsensor wären unverzichtbar. Aus diesem Kosten-Nutzen-Aspekt wird in dieser Arbeit ein neues Objekt nur von freien Radardaten initialisiert.

Der Schwerpunkt der Objektinitialisierung mit Radardaten liegt auf den Initialisierungen der zwei Dynamikmodelle.

Initialisierung des Geradeaus-Dynamikmodells

Das größte Problem bei der Initialisierung des Geradeaus-Dynamikmodells ist der zu dem Zeitpunkt unbekannte Gierwinkel des Objekts. Ohne den Gierwinkel ist allerdings keine optimale Initialisierung möglich. Daher wird hier eine Modellannahme getroffen. Dabei wird ein identischer Gierwinkel des Objekts wie der des Eigenfahrzeugs angenommen. Diese Annahme ist besonders geeignet für geradlinige Straßen. Abb. 4.31 zeigt ein Beispiel für den Fall. Nach der Modellannahme sind v_y, a_x und a_y zunächst mit Null initialisiert. Gesucht sind d_x, d_y und v_x. Die Position lässt sich direkt von den Messgrößen ableiten:

$$d_{x,obj} = d_r \cdot cos(\theta), \tag{4.145}$$

$$d_{y,obj} = d_r \cdot sin(\theta). \tag{4.146}$$

Nach den Gleichungen (4.6 - 4.9) berechnet sich die relative radiale Geschwindigkeit v_r zu

$$\begin{aligned} v_r = {} & (v_{x,obj} - V_{ego} + d_{y,obj} \cdot \dot{\varphi}_{ego}) \cdot cos(\theta) \\ & + (v_{y,obj} - d_{x,obj} \cdot \dot{\varphi}_{ego}) \cdot sin(\theta). \end{aligned} \tag{4.147}$$

Mit der Modellannahme $v_{y,obj} = 0$ lässt sich $v_{x,obj}$ direkt aus (4.147) zu

$$v_{x,obj} = \frac{v_r + d_{x,obj} \cdot \dot{\varphi}_{ego} \cdot sin(\theta)}{cos(\theta)} + V_{ego} - d_{y,obj} \cdot \dot{\varphi}_{ego} \tag{4.148}$$

ableiten.

Diese Objektzustände werden nun vom Radar-Einbauort an den Ursprung des System-KOS transformiert. Die Kovarianz-Matrix berechnet sich aus der Messvarianz-Matrix nach der EKF-Methodik.

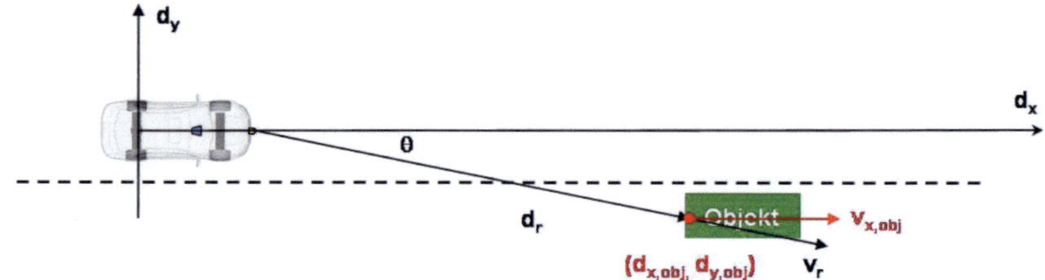

Abbildung 4.31: Initialisierung des Geradeaus-Dynamikmodells.

Initialisierung des Parallel-Dynamikmodells

Nach der Modellannahme einer parallelen Kurvenfahrt lassen sich die Objektzustände aus den Messgrößen ableiten. Eine prinzipielle Darstellung zeigt die Abb. 4.32. Die Objektpositionen d_x, d_y berechnen sich zu

$$d_{x,obj} = d_r \cdot cos(\theta) + L_{x,R}, \tag{4.149}$$

$$d_{y,obj} = d_r \cdot sin(\theta) + L_{y,R}. \tag{4.150}$$

Dabei sind $L_{x,R}$ und $L_{y,R}$ die Offsets zwischen dem Radar-KOS und dem System-KOS. Der Radius der Kreisbahn des Eigenfahrzeugs beträgt

$$R = \frac{V_{ego}}{\dot{\varphi}_{ego}}. \tag{4.151}$$

Wie in Abb. 4.32 dargestellt, ist der Gierwinkel des Objekts somit

$$\gamma_{obj} = atan\left(\frac{d_{x,obj}}{R - d_{y,obj}}\right). \tag{4.152}$$

Setzt man die Gleichung

$$v_{y,obj} = v_{x,obj} \cdot tan(\gamma_{obj}) \tag{4.153}$$

in (4.148) ein, so ergibt sich $v_{x,obj}$ zu

$$v_{x,obj} = \frac{\frac{v_r}{cos(\theta)} + V_{ego} - d_{y,obj} \cdot \dot{\varphi}_{ego} + d_{x,obj} \cdot \dot{\varphi}_{ego} \cdot tan(\theta)}{1 + tan(\theta)tan(\gamma_{obj})}. \tag{4.154}$$

$v_{y,obj}$ berechnet sich hier nach (4.153). Die Gierrate des Objekts ist nach (4.56) $\dot{\varphi}_{obj} = \frac{V_{obj}}{V_{ego}}\dot{\varphi}_{ego}$. Daraus lassen sich die Beschleunigungen nach (4.59), (4.60) berechnen. Die Kovarianz-Matrix berechnet sich ebenfalls wie beim Geradeaus-Dynamikmodell nach der EKF-Methodik.

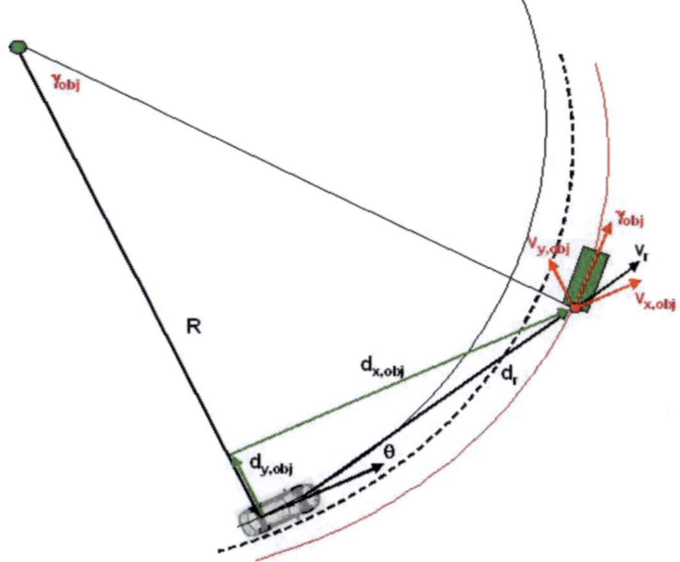

Abbildung 4.32: Initialisierung des Parallel-Dynamikmodells.

4.3.10 Verschmelzen und Löschen von Objekten im Filter

Wie in der Modellierung ausgedehnter Objekte (siehe Unterabschnitt 4.3.4) diskutiert, detektiert der Radarsensor i.d.R. mehrere Reflexe zu einem Fahrzeug. Es ist daher möglich, dass von diesen Reflexen mehr als ein Objekt initialisiert wird. Diese Objekte, die in der Realität zu einem gleichen Objekt gehören, werden im System wieder zu einem Objekt verschmolzen. Die Kriterien zur Entscheidung, ob zwei Objekte verschmolzen werden, sind die Ähnlichkeit der Zustände der beiden Objekte. Dabei wird jede Differenz von d_x, d_y sowie v_x mit einem jeweilig festgelegten Schwellwert verglichen. Wenn alle Differenzen unter ihren Schwellwerten liegen, wird ein Objekt im System weiter verfolgt und das andere wird gelöscht. Das überlebende Objekt hat dabei eine längere Lebensdauer oder kleinere Varianzen der Zustände oder einen kleineren Abstand zum Eigenfahrzeug als das gelöschte Objekt.

Um Speicherplatz zu sparen und die Systemeffizienz zu erhöhen, werden besonders unsichere oder irrelevante Objekte von der Objektverfolgung gelöscht. Dabei sind die schlechten Objekte die Objekte mit großen Varianzen der Zustände oder niedriger Aktualisierungsrate, wie z.B. verdeckte Objekte. Die irrelevanten Objekte sind die Objekte, die sich außerhalb des gesamten Erfassungsbereichs des Sensorsystems befinden.

4.3.11   Klassifikation von Objekten im Filter

Die Klassifikation von Objekten war für FAS immer wichtig und ist für zukünftige Sicherheitsfunktionen, wie Predictive Safty System, unverzichtbar. Mit der Kenntnis über Objekttypen und Objektgrößen können FAS die Plausibilität ihrer Entscheidung erheblich erhöhen bzw. die Fehlreaktion möglichst vermeiden. Neben Fahrzeugen werden leider auch Metallteile auf Straßen, wie Gullydeckel, gut vom Radarsensor detektiert. Sie bilden in der Objektverfolgung gleichermaßen plausible Objekte wie Fahrzeuge. Eine korrekte Klassifikation der Objekte hilft den FAS bei der Entscheidung, ob ein stehendes Objekt relevant ist. Außerdem ist die Klassifikation von Objekten ein Schlüsselfaktor für die Verdeckungsanalyse bei der Assoziation mit Kameradaten (siehe Unterabschnitt 4.3.5).

Radar-basierte Objektklassifikation

Die klassische Methode zur Klassifikation eines Objekts basiert auf einem bildgebenden Sensor, wie z.B. einem Kamerasensor. Da der Kamerasensor ein Objekt nicht nur detektiert, sondern auch gleich klassifiziert, ist eine direkte Klassifikation des Objekts möglich. Eine korrekte Assoziation von Kameradaten erfordert allerdings eine gute Vorkenntnis über Objektklassen, um die Verdeckungsanalyse durchzuführen (siehe Unterabschnitt 4.3.5). Daher wird die Möglichkeit untersucht, ein Objekt vorab mit dem Radarsensor zu klassifizieren.

Durch das Messprinzip bedingt misst der Radarsensor von einem ausgedehnten Objekt oft mehrere Reflexe, deren Verteilung die Ausdehnung des Objekts widerspiegelt. Bei PKW oder LKW sind oft die vordere und hintere Achse vom Radarsensor gleich gut detektiert (siehe Abb. 4.33). Dank der präzisen Abstandsmessung des Radarsensors ist es daher möglich, durch Bewertung der Längsverteilung von Reflexen eine Unterabschätzung der Länge eines Objekts zu ermitteln.

Die Bewertung folgt nach einer klassischen statistischen Methodik. Gegeben sei ein Objekt mit N aktuell zugeordneten Reflexen. Der mittlere Abstand

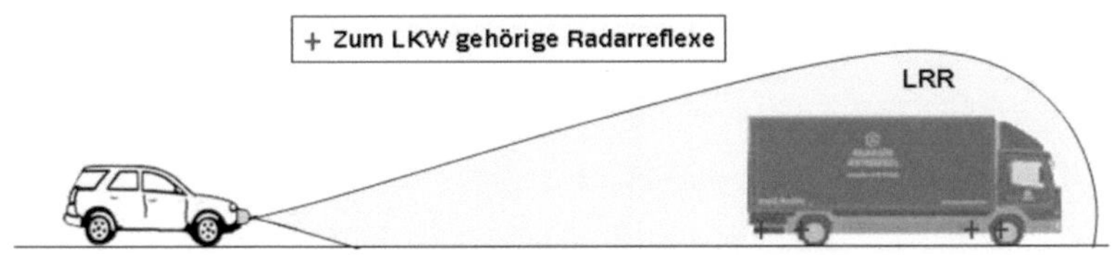

Abbildung 4.33: Multireflexe eines LKW.

$\bar{d}_{R,k}$ dieser Reflexe ist

$$\bar{d}_{R,k} = \frac{1}{N} \sum_{i \in N} d_{R,i,k}.$$ (4.155)

Daraus berechnet sich die mittlere Abweichung $\bar{L}_{d,k}$ der Abstände zu

$$\bar{L}_{d,k} = \frac{1}{N} \sum_{i \in N} |d_{R,i,k} - \bar{d}_{R,k}|.$$ (4.156)

Die aktuell gemessene Objektlänge ist annähernd $\bar{L}_k = 2 \cdot \bar{L}_{d,k}$. Angenommen sei, das Objekt habe zum letzten Zyklus eine geschätzte Länge von $\bar{L}_{1:k-1}$ aus insgesamten M zugeordneten Reflexen. Die Varianz der Länge $\bar{L}_{1:k-1}$ beträgt $\sigma^2_{L,1:k-1}$. Die aktuell geschätzte Länge $\bar{L}_{1:k}$ lässt sich aus dem Mittelwert von $\bar{L}_k$ und $\bar{L}_{1:k-1}$ zu

$$\bar{L}_{1:k} = \frac{M}{M+N} \bar{L}_{1:k-1} + \frac{N}{M+N} \bar{L}_k$$ (4.157)

berechnen. Die aktuelle Varianz der Länge beträgt somit

$$\sigma^2_{L,1:k} = \frac{M}{M+N} \cdot (\sigma^2_{L,1:k-1} + |\bar{L}_{1:k-1} - \bar{L}_{1:k}|^2) + \frac{N}{M+N} \cdot |\bar{L}_k - \bar{L}_{1:k}|^2.$$ (4.158)

Die gesamte Anzahl der Reflexe $M + N$ sowie die aktuelle Varianz geben eine quantitative Aussage über die Qualität der geschätzten Objektlänge. Abb. 4.34 zeigt ein Beispiel mit einem PKW und einem zweiachsigen LKW. Die geschätzten Längen entsprechen den Achsabständen der Fahrzeuge.

Ähnlich des Klassenmodells der Assoziation mit Kameradaten (siehe Unterabschnitt 4.3.5) werden Objektklassen direkt aus den geschätzten Objekt-

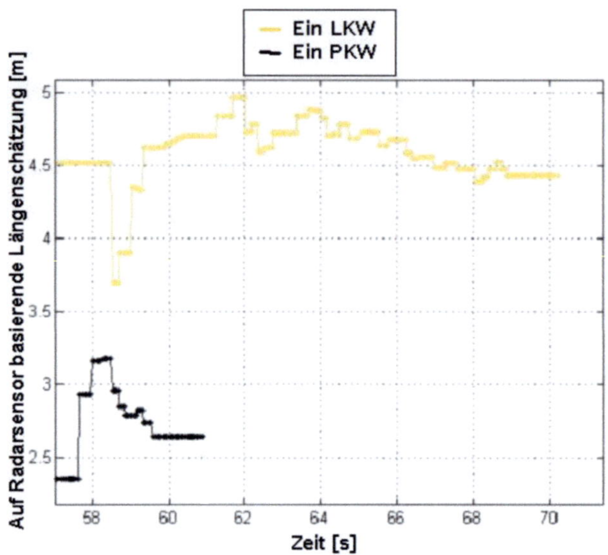

Abbildung 4.34: Auf Radarsensor basierdende Längenschätzung.

längen abgeleitet. Das Klassenmodell dafür ist

$$
I_{typ} = \begin{cases} \bar{L}_{1:k}/L_4 & f\ddot{u}r \ \bar{L}_{1:k} \leq L_4 \\ 1 + \frac{\bar{L}_{1:k}-L_4}{L_5-L_4} & f\ddot{u}r \ L_4 < \bar{L}_{1:k} < L_5 \\ 2 & f\ddot{u}r \ \bar{L}_{1:k} \geq L_5 \end{cases}.
\tag{4.159}
$$

Der Parameter L_4 entspricht einer Achsenlänge von einem kleinen PKW und L_5 von einem durchschnittlichen LKW. Die auf dem Radarsensor basierende Klassifikation von Objekten dient nur zur Verdeckungsanalyse bei der Assoziation mit Kameradaten. Sobald ein Objekt vom Kamerasensor klassifiziert ist, hat die Längenschätzung keinen Einfluss mehr auf die Objektklasse.

Monokamera-basierte Breitenschätzung

Mit der gemessenen Breite eines Objekts im Bild vom Monokamerasensor wird die Breite w des Objekts in einem Kalman Filter geschätzt. Nach der Gleichung (4.30) ist die prädizierte Pixelbreite $p_{w,k|k-1}$ eines Objekts

$$
p_{w,k|k-1} = \frac{w_{k-1} \cdot f}{(d_{x,k|k} - L_k)},
\tag{4.160}
$$

wobei L_k der Abstand zwischen dem Einbauort der Kamera und der Mitte der Hinterachse vom Eigenfahrzeug ist. Die Varianz $\sigma^2_{pw,k|k-1}$ berechnet sich nach der EKF-Methodik mit

$$\sigma^2_{pw,k|k-1} = \left(\frac{\partial p_{w,k|k-1}}{\partial w_{k-1}}\right)^2 \cdot \sigma^2_{w,k-1} + \left(\frac{\partial p_{w,k|k-1}}{\partial d_{x,k|k}}\right)^2 \cdot \sigma^2_{dx,k|k}. \qquad (4.161)$$

Mit der Beobachtermatrix $H = \frac{\partial p_{w,k|k-1}}{\partial w_{k-1}}$ und der Innovationsmatrix $S = \sigma^2_{pw,k|k-1} + \sigma^2_{pw,k}$ ergibt sich der Filter-Faktor K nach (3.21). Die Aktualisierung der Objektbreite und ihrer Varianz ist nach (3.22) und (3.23)

$$w_k = w_{k-1} + K \cdot (p_{w,k} - p_{w,k|k-1}), \qquad (4.162)$$

$$\sigma^2_{w,k} = \sigma^2_{w,k-1} - KSK^T. \qquad (4.163)$$

Die geschätzte Objektbreite wird auch zur Modellierung ausgedehnter Objekte sowie der Verdeckungsanalyse bei der Assoziation mit Kameradaten genutzt. Sie erhöht damit die Plausibilität der Objektverfolgung.

5 Experimentelle Ergebnisse und Anwendungsbeispiele

Während der Arbeit wurde ein Versuchsfahrzeug ausgerüstet. Das vorgestellte System wurde in dem Versuchsfahrzeug integriert und in Betrieb genommen.

5.1 Versuchsfahrzeug

Das Versuchsfahrzeug ist ein Audi A8 mit einem Dieselmotor und verfügt über ein ESP-System mit vier Raddrehzahlsensoren sowie einem Lenkradsensor. Sie ermöglichen eine direkte Messung der Geschwindigkeit und Gierrate des Versuchsfahrzeugs. Der Radarsensor wurde in der Mitte des unteren Ziergitters und der Kamerasensor in der Mitte hinter der Windschutzscheibe montiert. Neben dem Kamerasensor ist noch eine USB-Kamera zur Aufnahme der Verkehrsszene montiert (siehe Abb. 5.1).

Abbildung 5.1: Aufbau des Versuchsfahrzeugs.

Im Kofferraum sind zwei Rechner eingebaut. Auf einem Rechner läuft der

Algorithmus der Bildverarbeitung vom Kamerasensor. Auf dem anderen Rechner läuft das prototypische System der Objektverfolgung. Die im Fusionssystem verfolgten Objekte werden in einem auf dem Armaturenbrett montierten Monitor dargestellt.

Der eingesetzte Radarsensor ist ein Long-Range-Radar der dritten Generation (LRR3) von der Robert Bosch GmbH. Seine technischen Daten sind in der Tabelle 4.2 zusammengefasst. Der Monokamerasensor mit CMOS-Bildsensor stammt ebenfalls von der Robert Bosch GmbH. Er hat einen horizontalen Erfassungsbereich von ± 20 Grad und eine Auflösung von 640x480 Pixel. Die Brennweite beträgt 750 Pixel.

5.1.1 Messtechnik und Simulationsumgebung

Mit der sog. Bypassing-Technik können die Signale im Radar-Steuergerät über ein XCP-Protokoll gemessen werden. Dabei wird die Software Canape von der Firma Vector eingesetzt. Mit der Bypassing-Technik kommuniziert das prototypische System in Echtzeit mit dem Radar-Steuergerät und steuert somit auch die Fahrerassistenzfunktionen (siehe Abb. 5.2). Für

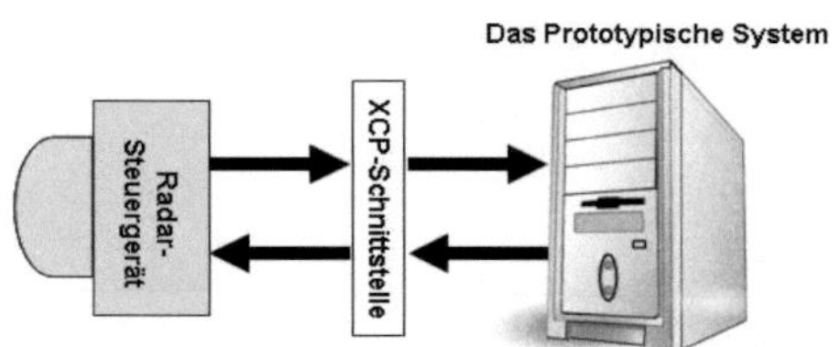

Abbildung 5.2: Bypassing-Technik.

die Offline-Simulation steht eine Emulationsumgebung zur Verfügung. Die Emulationsumgebung entpackt alle Signale aus den gespeicherten Messdaten und startet das System. Das System wird mit genau gleichen Signalen wie bei den Testfahrten gespeist und kann dadurch die Szenen exakt nachbilden. Das Ergebnis der Objektverfolgung wird in Matlab gespeichert und kann als Overlay auf die von der USB-Kamera zeitgleich gespeicherten Bilder gelegt werden.

5.2 Systemverhalten vor statischen Objekten

Um die Behandlung statischer Objekte von der vorgestellten Objektverfolgung zu bewerten wurden eine Reihe von Testszenen mit statischen Objekten eingefahren. Die Ergebnisse dieser Testszenen werden unten vorgestellt.

5.2.1 Anhalten am Stauende

Eine große Herausforderung für die Objektverfolgung ist die Erkennung von Stauenden. Dabei stehen i.d.R. mehrere Fahrzeuge eng nebeneinander. In dieser Situation gibt es oft starke Interferenzen beim Radarsensor. Der Radarsensor kann die vorausstehenden Fahrzeuge in dem Fall nicht gut genug trennen. Es ist deshalb allein mit dem Radarsensor schwierig, diese Fahrzeuge frühzeitig zu erkennen. Dies soll am folgenden Beispiel illustriert werden. Gegeben sei ein simuliertes Stauende mit zwei PKW. Die beiden Fahrzeuge stehen mit fast gleichem Abstand zum Eigenfahrzeug und dicht nebeneinander mit ca. 2.7 m lateralem Abstand von Mitte zu Mitte. Das Eigenfahrzeug nähert sich an das rechte Fahrzeug.

Abb. 5.3 zeigt die vom Radar- und Kamerasensor gemessenen radialen Abstände und Winkel der beiden Objekte.

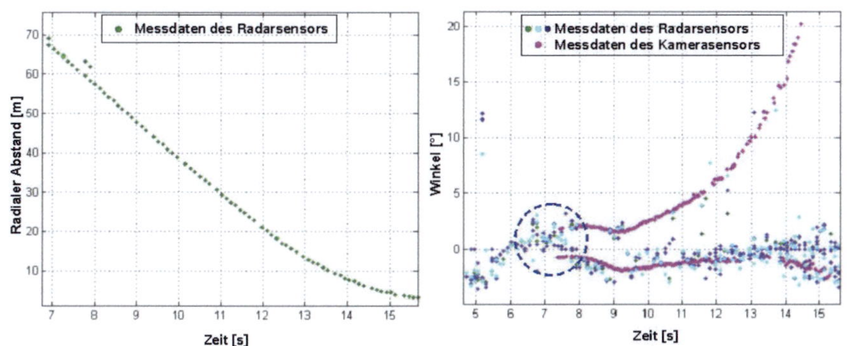

Abbildung 5.3: Gemessene radiale Abstände und gemessene Winkel.

Da die beide Objekte fast gleichen radialen Abstand haben und nahe neben einander liegen, kann der Radarsensor sie zunächst nicht richtig trennen. In dem vom blauen Kreis markierten Bereich der Abbildung ist keine klare Trennung der beiden Objekte zu sehen. Außerdem wird das rechte Objekt, das direkt vor dem Eigenfahrzeug steht, deutlich besser als das linke Objekt vom Radarsensor erkannt. Abb. 5.4 zeigt die vom Radarsensor gemessenen relativen radialen Geschwindigkeiten sowie die Geschwindigkeit des Eigenfahrzeugs. Bei den stehenden Objekten ist die relative radiale Geschwindigkeit gleich der negativen Geschwindigkeit des Eigenfahrzeugs.

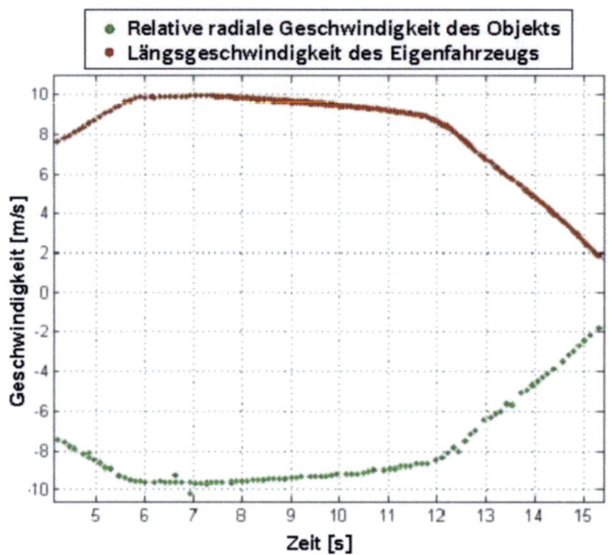

Abbildung 5.4: Gemessene relative radiale Geschwindigkeit.

Abb. 5.5 bis 5.15 zeigen die geschätzten Zustände des Fusionssystems. Als Referenzsystem für die Bewertung dient hierbei ein Kalman-Filter, das nur mit der Radarinformation Objektzustände schätzt (sog. Einzel-Radarsystem).

Abb. 5.5 stellt die geschätzten radialen Abstände dar. Es ist klar zu sehen, dass die geschätzten Abstände sowohl vom Fusionssystem als auch vom Kalman-Filter nahe an den Radardaten liegen. Besonderes Augenmerk gilt dabei der deutlich längeren Verfolgungsdauer von Objekt 2 im Fusionssystem. Das ist den zusätzlichen Kameradaten zu danken.

In Abb. 5.6 werden die geschätzten lateralen Winkel der Objekte gezeigt. Dank der Kameradaten konnte das Fusionssystem das Objekt 2 bis zu einem lateralen Winkel von 20 Grad sicher verfolgen.

Abb. 5.7 zeigt die geschätzten lateralen Abstände. Darin ist klar zu sehen, dass das Kalman-Filter den lateralen Abstand zwischen den beiden Ob-

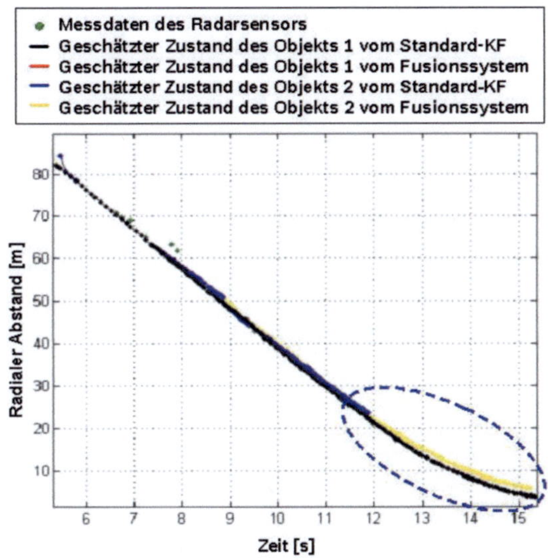

Abbildung 5.5: Geschätzte radiale Abstände.

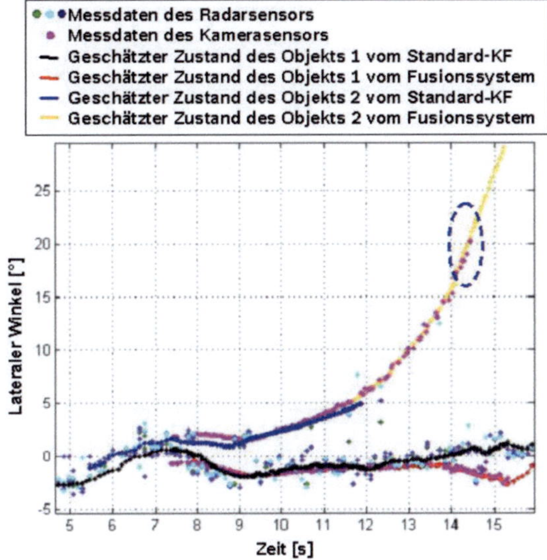

Abbildung 5.6: Geschätzte laterale Winkel.

jekten erst ab 9.2 Sekunden richtig schätzten konnte. Das Fusionssystem konnte dagegen schon eine Sekunde früher den Abstand richtig schätzen.

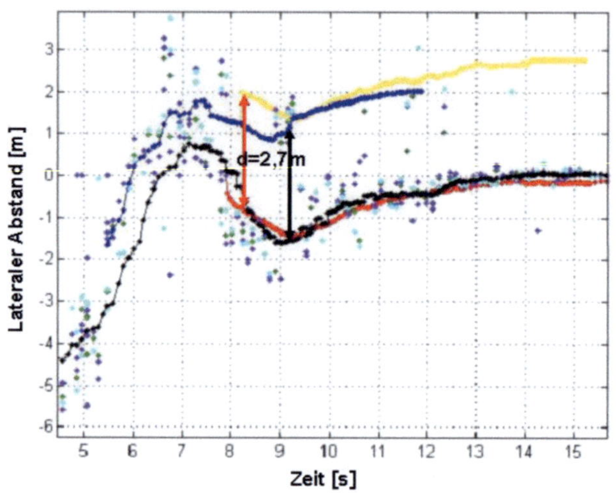

Abbildung 5.7: Geschätzte laterale Abstände.

Der korrekt geschätzte laterale Abstand zwischen den beiden Objekten reicht allein jedoch nicht aus, die Erkennung von Stauenden in FAS sicherzustellen. Wenn die Breiten der Objekte dem System nicht bekannt sind, können FAS die tatsächliche Fahrlücke nicht ermitteln. Dank der Kameradaten ist das Fusionssystem in der Lage, die Objektbreiten zu schätzen. Abb. 5.8 zeigt die geschätzten Objektbreiten vom Objekt 1 und 2. Das Objekt 1 hat eine Breite von 1.66 m. Das Objekt 2 hat eine Breite von 1.89 m. Die geschätzten Breiten haben am Ende der Schätzdauer die Werte 1.6 m und 1.75 m. Die mittleren absoluten Abweichungen betragen dabei 0.06 m und 0.11 m. Sie beweisen, dass die geschätzten Breiten genau genug für die Brechnung der Fahrlücke sind. Zieht man die halben Breiten von dem lateralen Abstand ab, so bekommt man die tatsächliche Breite der Fahrlücke:

$$d_{Fahrlücke} = 2.7m - 0.5 \cdot (1.6m + 1.75m) = 1.07m. \tag{5.1}$$

Aufgrund der Information kann das System entscheiden, ob das Eigenfahrzeug durch diese Fahrlücke fahren kann oder das FAS vor dem Objekt anhalten muss.

Die geschätzten absoluten Längsgeschwindigkeiten und die relativen radialen Geschwindigkeiten sind in Abb. 5.9 dargestellt. Auf Grund mangelnder

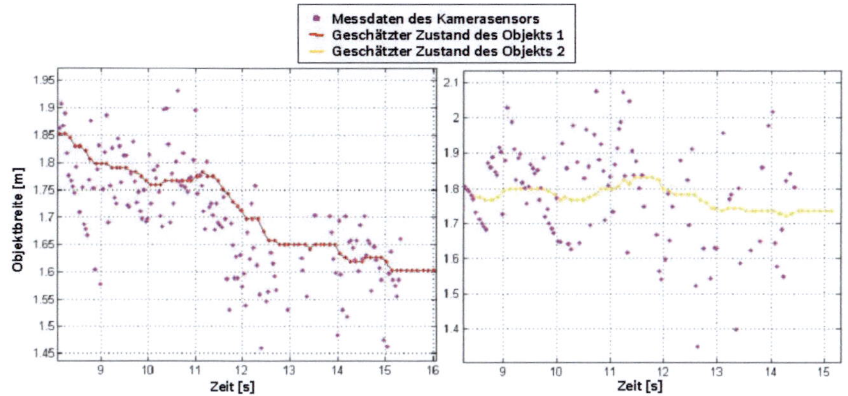

Abbildung 5.8: Geschätzte Objektbreiten.

Radarinfomation konnte die Geschwindigkeit des Objekts 2 nicht so präzise wie die des Objekts 1 geschätzt werden.

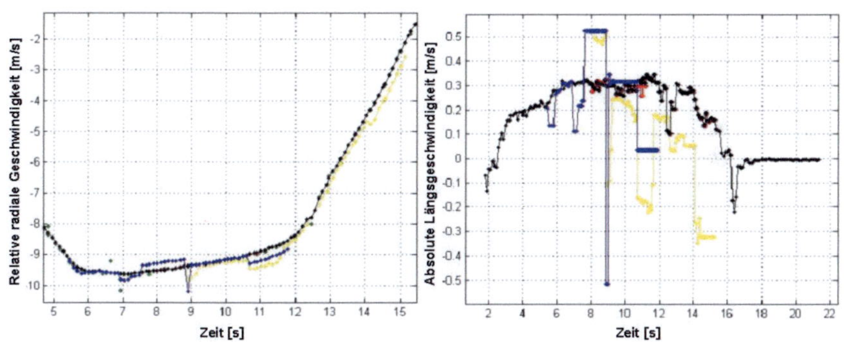

Abbildung 5.9: Geschätzte Geschwindigkeiten.

Abb. 5.10 zeigt die geschätzten absoluten Längsbeschleunigungen der Objekte. Die Schwankung von Objekt 1 am Anfang ist das typische Einschwingverhalten des Kalman Filters. Die Schwankung von Objekt 2 am Ende ist auf Grund der mangelnden Radardaten zu erklären.

Die schlechte Winkelmessung des Radarsensors bei dieser Interferenz-Situation verursacht eine große Einschwingdauer bei den absoluten Quergeschwindigkeiten. Das ist leicht in Abb. 5.11 zu sehen. Dank der präzisen Kameradaten schwingen die Quergeschwindigkeiten der Objekte am Ende

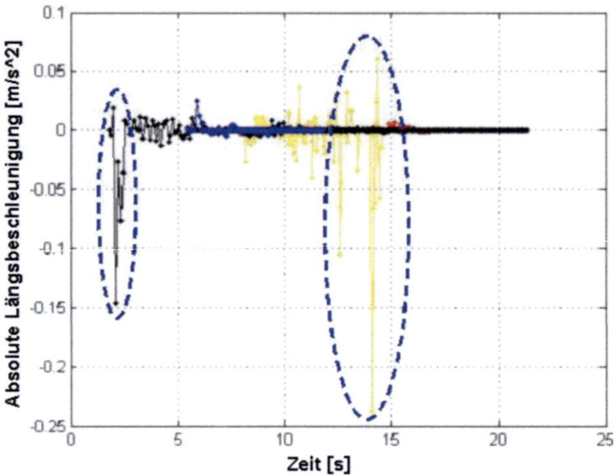

Abbildung 5.10: Geschätzte absolute Längsbeschleunigungen.

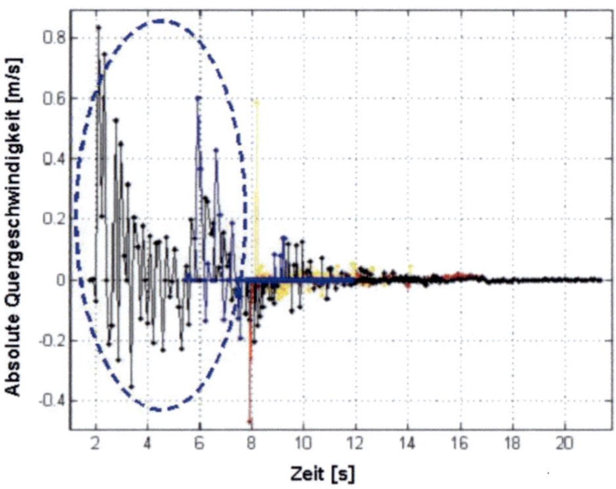

Abbildung 5.11: Geschätzte absolute Quergeschwindigkeiten.

sehr gut ein.

Abhängig von der absoluten Längsgeschwindigkeit wird ein Objekt zwischen einem stehenden oder bewegenden Objekt klassifiziert. Im obigen Fall wurden beide Objekte als stehende Objekte klassifiziert. Dieser Klassifikation nach wurden die absoluten Querbeschleunigungen der beiden Objekte fest auf Null gesetzt, um Quergeschwindigkeiten zu stabilisieren.

Wegen der hohen Detektionsrate vom Radarsensor ist die Varianz des geschätzten Längsabstandes vom Objekt 1 sehr klein. Wie in Abb. 5.12 gezeigt, beträgt die mittlere Varianz des Objekts 1 $0.2\ m^2$. Das Objekt 2 wurde deutlich seltener vom Radarsensor gemessen. Die Schätzung seines Abstandes folgte überwiegend durch die Prädiktion nach den Dynamikmodellen. Die Systemunsicherheit steigt mit der Zeit und stellte daher eine steigende Varianz des Objekts 2 dar.

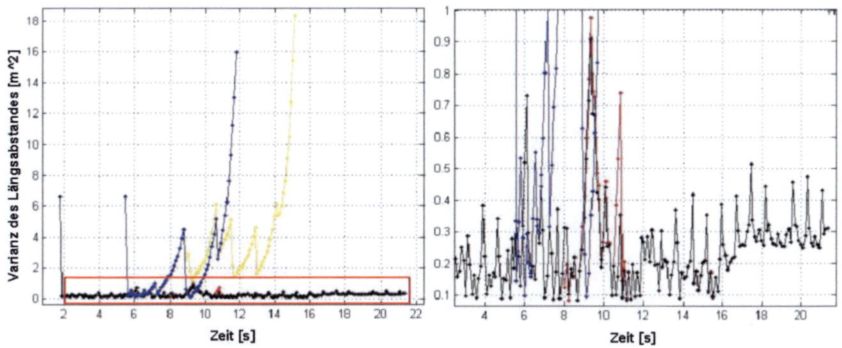

Abbildung 5.12: Varianzen der geschätzten Längsabstände.

Die Verbesserung der Objektverfolgung durch die Kameradaten ist in Abb. 5.13 verdeutlicht. Die gezeigten lateralen Abstände vom Fusionssystem haben zehnfach kleinere Varianzen als die vom Kalman-Filter.

Abb. 5.14 zeigt die Varianzen der geschätzten absoluten Längsgeschwindigkeiten. Die typische Varianz eines Objekts beträgt ca. $0.1\ m^2/s^2$.

In Abb. 5.15 sind die Varianzen der geschätzten Quergeschwindigkeiten gezeigt.

5.2.2 Schätzung einer Gassenbreite

Bei der Szene „Gasse" stehen zwei Fahrzeuge ebenfalls nebeneinander. Anders als bei der Szene „Stauenden" ist, dass die Lücke zwischen den beiden Fahrzeugen groß genug für die Durchfahrt des Eigenfahrzeugs ist. In einer solchen Szene kann der Radarsensor die beiden Fahrzeuge gut trennen. Die Objektverfolgung muss in diesem Fall die Breite dieser Lücke richtig schät-

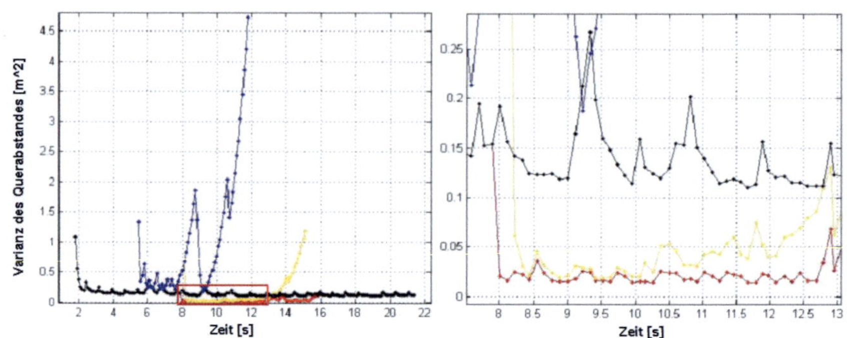

Abbildung 5.13: Varianzen der geschätzten Querabstände.

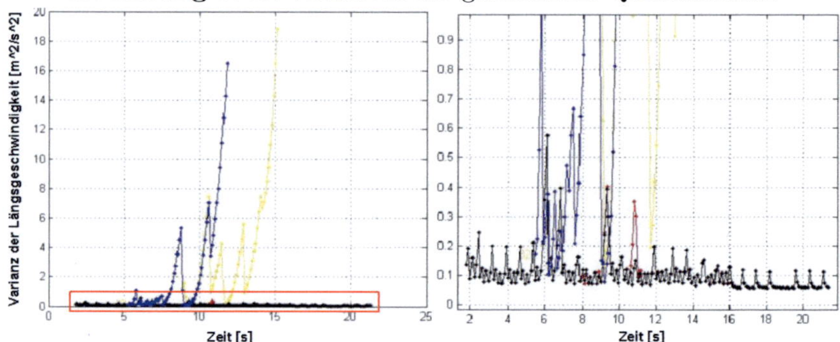

Abbildung 5.14: Varianzen der geschätzten Längsgeschwindigkeiten.

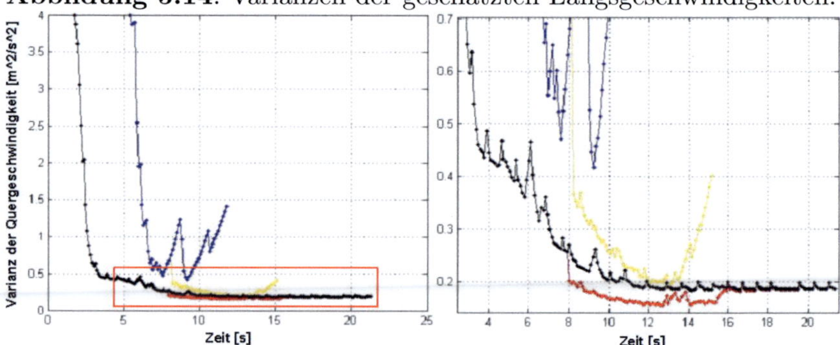

Abbildung 5.15: Varianzen der geschätzten Quergeschwindigkeiten.

zen können, um Fehlauslösungen zu vermeiden, wie z.B. Bremsen vor dieser
Lücke.

Abb. 5.16 zeigt die lateralen Winkel der beiden Objekte. Der Radarsensor trennt in dieser Szene die Objekte sehr gut. Aus Abb. 5.16 kann der laterale Abstand zwischen den Objekten gut abgelesen werden.

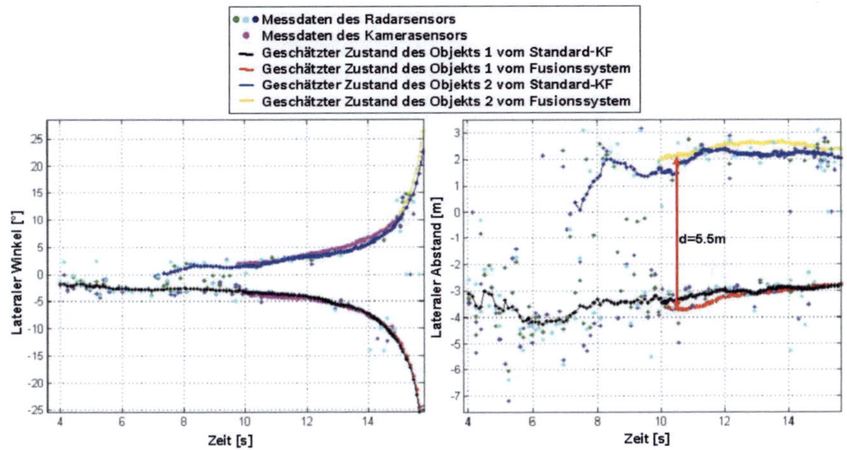

Abbildung 5.16: Geschätzte laterale Abstände.

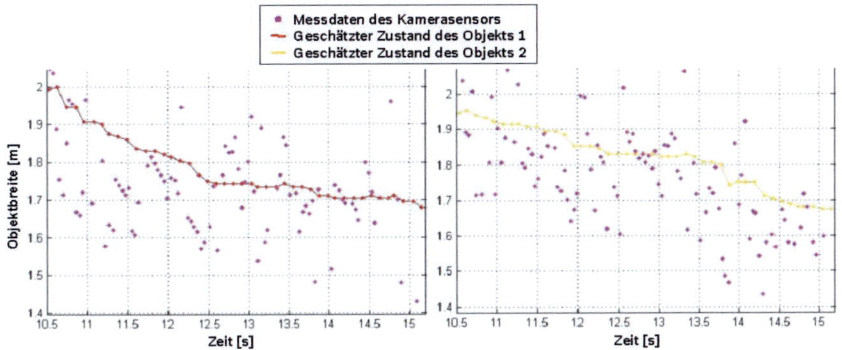

Abbildung 5.17: Geschätzte Objektbreiten.

Der Pluspunkt des Fusionssystems gegenüber dem Kalman-Filter ist die plausible Schätzung der Objektbreiten und die darauf basierende Schätzung der tatsächlichen Gassenbreite. Abb. 5.17 stellt die geschätzten Objektbreiten dar. Die mittleren Abweichungen sind hierbei 0.09 m und 0.1 m. Die Gassenbreite ist somit

$$d_{Gassenbreite} = 5.5m - 0.5 \cdot (1.68m + 1.67m) = 3.825m. \tag{5.2}$$

Das Eigenfahrzeug hat eine Breite von 1.89 m und kann problemlos durch diese Gasse fahren.

5.3   Systemverhalten in dynamischen Szenen

Nach den spezifizierten Anforderungen in der Einleitung muss das Fusionssystem neben korrekter Erkennung statischer Objekte auch dynamische Objektmanöver adaptiv behandeln können. In den folgenden zwei Szenen wird das Systemverhalten gegenüber starken Objektmanövern in der Längs- und Querrichtung vorgestellt.

5.3.1   Stabilität der Objektverfolgung bei starker Bremsung eines vorausfahrenden Fahrzeugs

Der dynamische Bremsvorgang mit einem großen Ruck der Objekte stellt ein typisches Objektmanöver in der Längsrichtung dar. Dabei ändert sich die Objektverzögerung zeitlich sehr schnell. Es erfordert eine adaptive Modellierung der Objektdynamik im Fusionssystem, um diese Bewegung stabil zu verfolgen. Im folgenden Beispiel wird ein Bremsvorgang mit großer Bremskraft untersucht.

Bei dieser Szene wird das Fusionssystem, deren Systemrauschen entsprechend der vorgestellten adaptiven Modellierung der Längsdynamik der Objekte (siehe Unterabschnitt 4.3.6) angepasst wird, mit einem Kalman-Filter ohne adaptive Modellierung der Objektdynamik verglichen. Dabei werden zwei Systeme mit dem gleichen Systemrauschen $\tilde{q}_x = 1.0 \ m^2/s^3$ parametriert. In Abb. 5.18 sind die vom Radarsensor gemessenen relativen Geschwindigkeiten des Objekts zusammen mit den geschätzten Objektgeschwindigkeiten dargestellt.

Der mit dem blauen Kreis markierte Bereich zeigt deutlich, dass das Kalman-Filter die sich schnell ändernde Geschwindigkeit des Objekts aufgrund des festen Systemrauschens nicht mehr verfolgen konnte. Das Fusionssystem zeigt dagegen eine korrekte Schätzung der Geschwindigkeit dank des adaptiven Modells. In Abb. 5.19 sind die geschätzten absoluten Geschwindigkeiten des Objekts und die gemessene Geschwindigkeit des Eigenfahrzeugs zusammen dargestellt.

Abb. 5.20 zeigt die Wirkung des adaptiven Modells zur besseren Verfolgung der Objektdynamik. An den mit einem Pfeil markierten Stellen wird

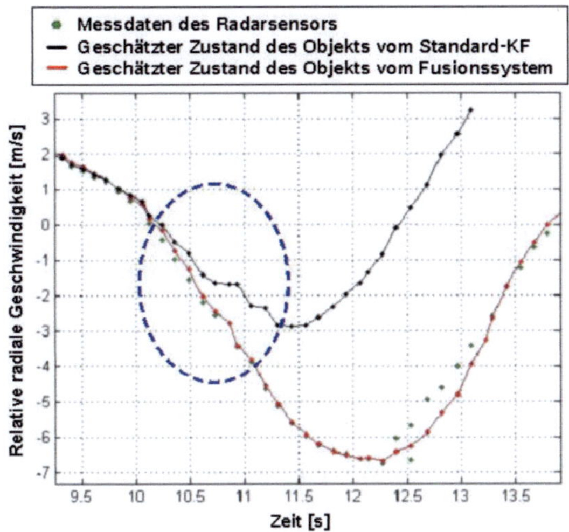

Abbildung 5.18: Geschätzte relative Geschwindigkeiten.

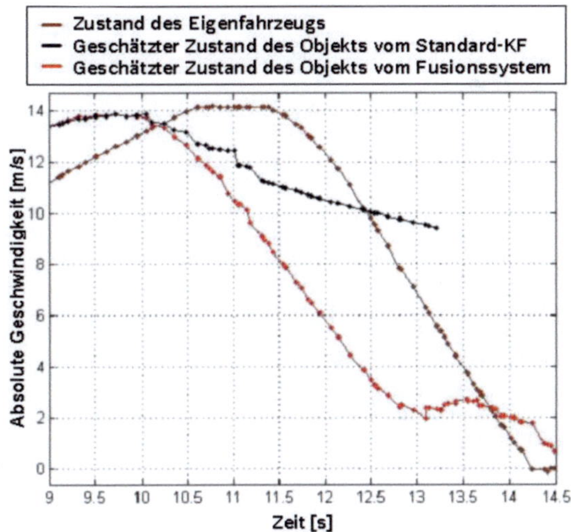

Abbildung 5.19: Geschätzte absolute Geschwindigkeiten.

das Systemrauschen entsprechend dem Ruck des Objekts erhöht. Dadurch gewinnt das Fusionssystem mehr Dynamik und kann das Objektmanöver stabil verfolgen.

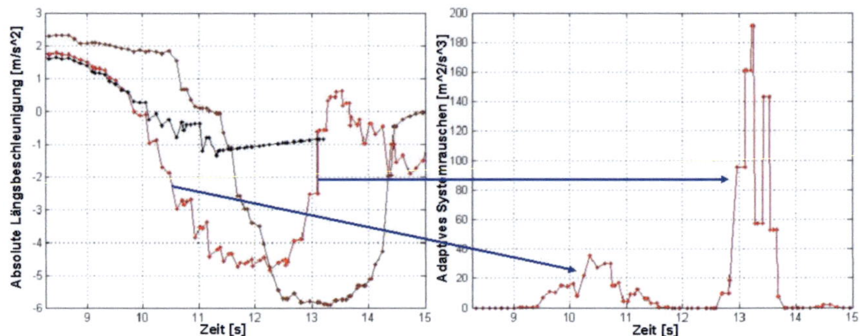

Abbildung 5.20: Adaptive Modellierung der Objektdynamik.

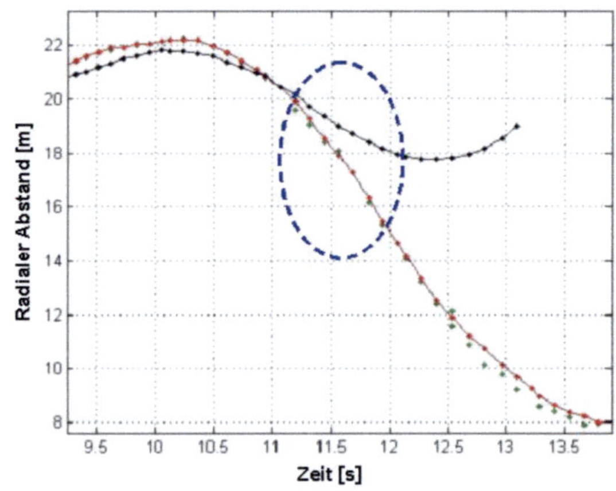

Abbildung 5.21: Geschätzte radiale Abstände.

Die Abb. 5.21 zeigt die geschätzten und die vom Radarsensor gemessenen radialen Abstände.

In Abb. 5.22 und 5.23 sind die Varianzen der geschätzten Zustände, Längsabstand, -geschwindigkeit und -beschleunigung des Objekts, gezeigt. Darin sind die zwei Eingriffsstellen des adaptiven Dynamikmodells deutlich wie in Abb. 5.20 zu sehen.

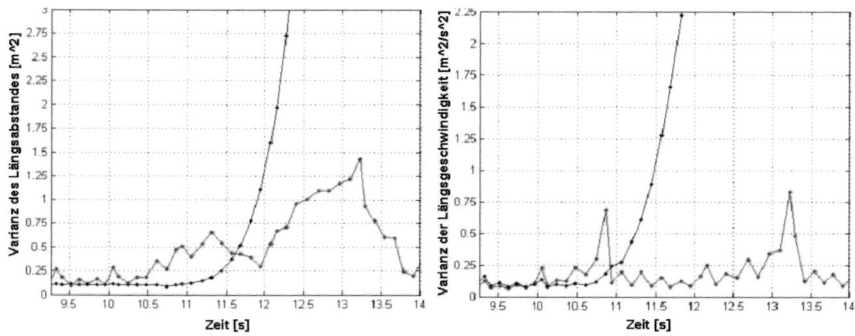

Abbildung 5.22: Varianzen der geschätzten Zustände.

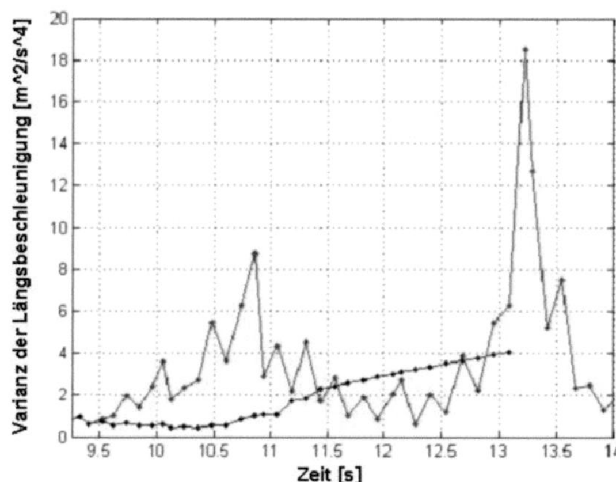

Abbildung 5.23: Varianzen der geschätzten Längsbeschleunigungen.

5.3.2 Robustheit der Objektverfolgung gegen hohe laterale Objektdynamik

Ein typisches Objektmanöver in der Querrichtung ist das Abbiegemanöver mit einer sich schnell ändernden Gierrate bzw. Querbeschleunigung des Objekts. Ein extremes Beispiel von solchen Abbiegemanövern ist das sog. S-Kurve-Manöver. Im folgenden Beispiel wird ein Abschnitt aus einer Messung aus dem realen Verkehr vorgestellt. Darin fuhr das verfolgte obige Objekt ein S-Kurve-Manöver. Das Objekt wird wie bei den obigen Beispielen jeweils von dem Kalman-Filter und dem Fusionssystem verfolgt. Deren Ergebnisse werden zusammengestellt und verglichen. Beide Systeme haben als Modellparameter ein gleiches Systemrauschen von $\tilde{q}_y = 0.08\ m^2/s^3$ in der Querrichtung.

Abb. 5.24 zeigt die gemessenen und geschätzten Winkel sowie lateralen Abstände des Objekts. Wie die Abbildung zeigt, bog das Objekt zuerst bis zur 57. Sekunde nach links ab. Anschließend wechselte es schnell seine Richtung nach rechts. An der blau markierten Stelle verfolgte das Fusionssystem die Objektmitte bis 18 Grad dank des erweiterten Erfassungsbereichs durch den Kamerasensor. Der Radarsensor hat an dieser Stelle die rechte Seite, mit hoher Wahrscheinlichkeit die rechte Ecke, des Objekts statt der Objektmitte detektiert. An die rot markierte Stelle konnte das Kalman-Filter das Objektmanöver nicht mehr verfolgen und hatte am Ende einen Fehler von 4 m bei dem lateralen Abstand. Dank der adaptiven Modellierung des Systemrauschens in der Querrichtung hat das Fusionssystem das Objektmanöver robust bis zum Ende verfolgt.

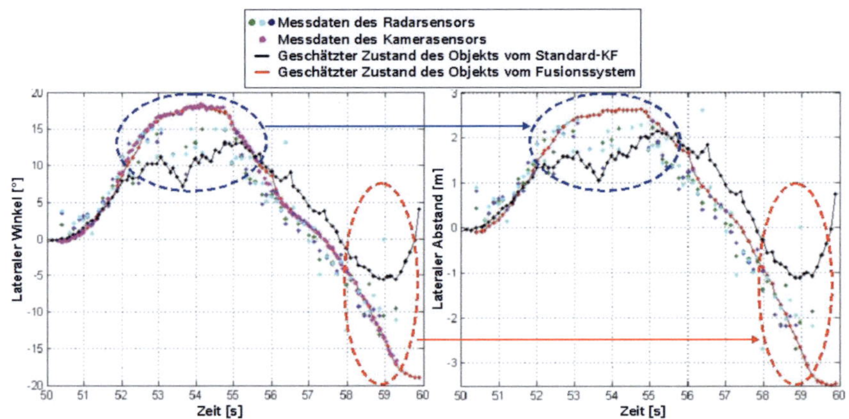

Abbildung 5.24: Geschätzte Winkel und laterale Abstände.

Diese Objektdynamik ist in Abb. 5.25 deutlicher dargestellt. In der Abbildung sind die geschätzten absoluten Quergeschwindigkeiten und Querbeschleunigungen des Objekts gezeigt. Dank des adaptiven Dynamikmodells konnte das Fusionssystem die geschätzte Querbeschleunigung schnell an das Objektmanöver anpassen. Es ist insbesondere um die 52. und 56. Sekunde zu sehen.

In Abb. 5.26 ist das adaptive Systemrauschen in der Querrichtung zusammen mit den Modellwahrscheinlichkeiten der zwei Dynamikmodelle dargestellt. Bei dem adaptiven Systemrauschen sind die Anstiege um die 52. und

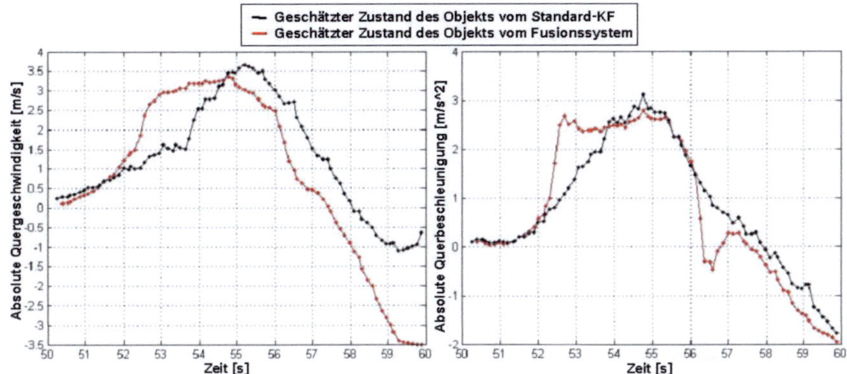

Abbildung 5.25: Geschätzte Quergeschwindigkeiten und Querbeschleunigungen.

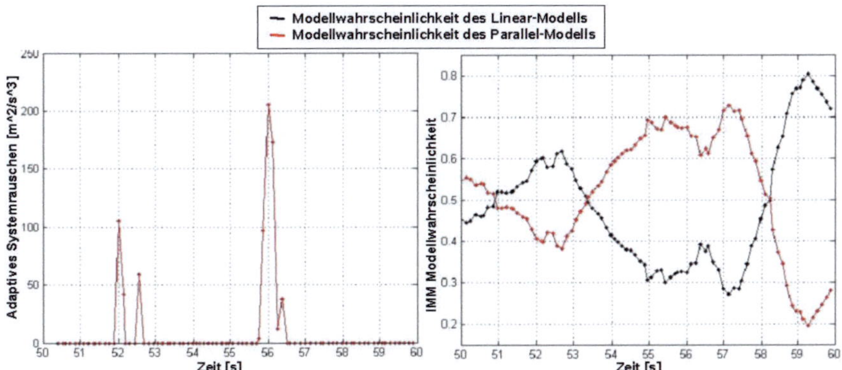

Abbildung 5.26: Adaptives Systemrauschen und Modellwahrscheinlichkeiten.

56. Sekunde deutlich zu erkennen. Die zeitlichen Verläufe der Modellwahrscheinlichkeiten passen auch sehr gut zu dem Objektmanöver. Im folgenden wird der Verlauf der Modellwahrscheinlichkeit von dem Parallel-Modell als Beispiel erklärt. Der leichte Abfall bis zur 52.8 Sekunde entspricht der Kurveneinfahrt des Objekts. Dann folgte das Eigenfahrzeug dem Objekt und fuhr auf der gleichen Kurvenbahn. Die Modellwahrscheinlichkeit stieg entsprechend an. Um die 57. Sekunde wechselte das Objekt seine Richtung und bog schnell rechts ab. Dieser Bewegung gemäß sank die Modellwahrscheinlichkeit wieder ab.

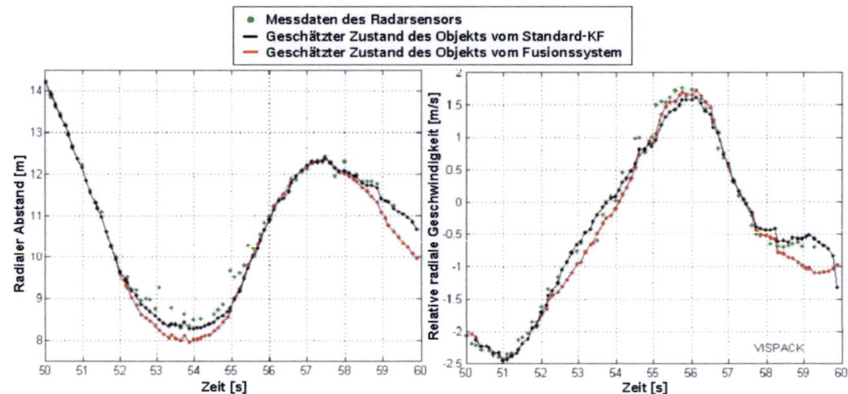

Abbildung 5.27: Geschätzte radiale Abstände und geschätzte relative radiale Geschwindigkeiten.

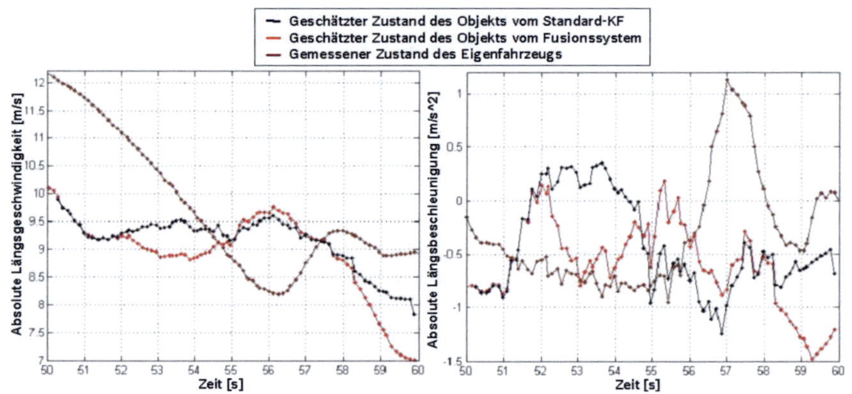

Abbildung 5.28: Geschätzte absolute Längsgeschwindigkeiten und -beschleunigungen.

Die geschätzten radialen Abstände und die geschätzten relativen radialen Geschwindigkeiten sind in Abb. 5.27 mit den Messdaten des Radarsensors dargestellt. Die Abweichung zwischen dem vom Fusionssystem geschätzten und dem vom Radarsensor gemessenen radialen Abstand um die 54. Sekunde ist darauf zurückzuführen, dass der Radarsensor die rechte Seite des Objekts statt der Objektmitte detektiert hat (siehe Abb. 5.24). Die absoluten Längsgeschwindigkeiten und -beschleunigungen sind in Abb. 5.28 dargestellt. Darauf sind auch die gemessenen Zustände des Eigenfahrzeugs gezeigt.

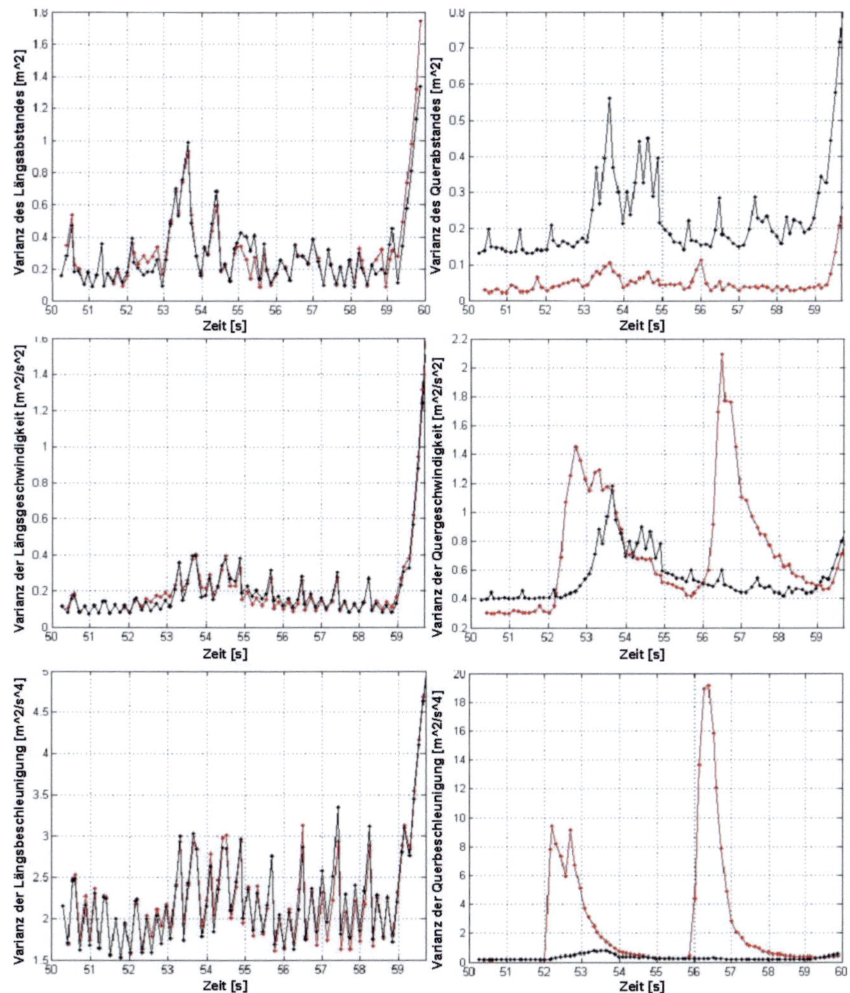

Abbildung 5.29: Varianzen der geschätzten Zustände.

Abb. 5.29 zeigt die Varianzen der geschätzten Zustände. Bei den Varianzen der Querabstände ist deutlich zu sehen, dass das Fusionssystem vierfach genauer als das Kalman-Filter ist. Die zwei Eingriffsstellen des adaptiven Dynamikmodells des Fusionssystems sind über die Varianz der Quergeschwindigkeit und -beschleunigung deutlich zu erkennen.

Die geschätzte Objektbreite und die Messdaten vom Kamerasensor sind in
Abb. 5.30 dargestellt. Das Objekt hat eine Brcite von 1.61 m. Die mittlere
Abweichung beträgt somit 0.04 cm.

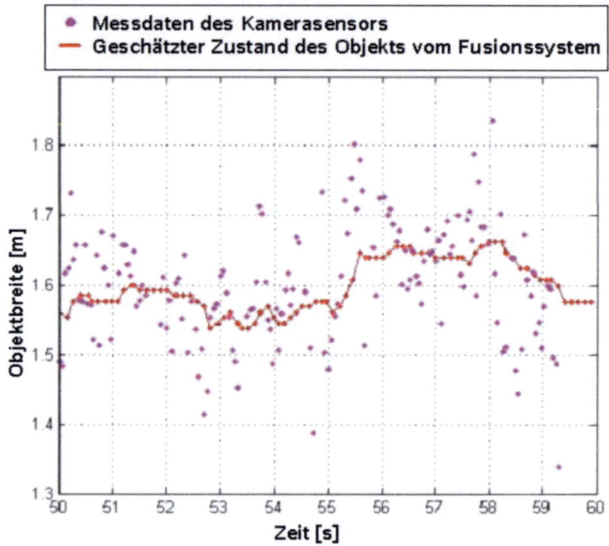

Abbildung 5.30: Geschätzte Objektbreite.

5.3.3 Stabilität der Objektverfolung in Stop&Go-Szenen

Eine andere schwierige Szene für die Objektverfolgung stellt die sog.
Stop&Go-Situation dar. Dabei springt die Objektdynamik ständig zwischen
Bremsen und Beschleunigen. Dieses Wechselspiel erfordert von der Objektverfolgung ein sich schnell anpassendes Dynamikmodell. Im städtischen Verkehr fahren Fahrzeuge in Stop&Go-Situationen meistens ganz dicht nebeneinander. Die dadurch entstandenen Interferenzen beim Radarsensor ver-
schlechtert die Winkelgenauigkeit des Radarsensors. Hier hilft die genaue
Winkelmessung vom Kamerasensor der Objektverfolgung bei einer genauen
Schätzung des Querabstandes.

Im Folgenden wird eine Stop&Go-Szene in der Innenstadt vorgestellt. Das
verfolgte Objekt hat eine Breite von 1.64 m. Abb. 5.31 zeigt den geschätzten

radialen Abstand und die geschätzte relative radiale Geschwindigkeit des Objekts mit den dazu gehörigen Messdaten vom Radarsensor.

In Abb. 5.32 sind die geschätzte absolute Längsgeschwindigkeit und Längsbeschleunigung des Objekts zusammen mit den Zuständen des Eigenfahrzeugs dargestellt. Darin ist das Wechselspiel der Objektdynamik zwischen Bremsen und Beschleunigung deutlich zu erkennen.

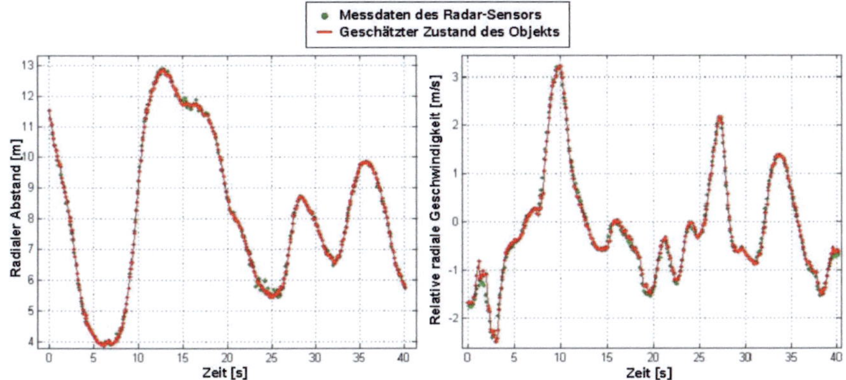

Abbildung 5.31: Geschätzter radialer Abstand und geschätzte relative radiale Geschwindigkeit.

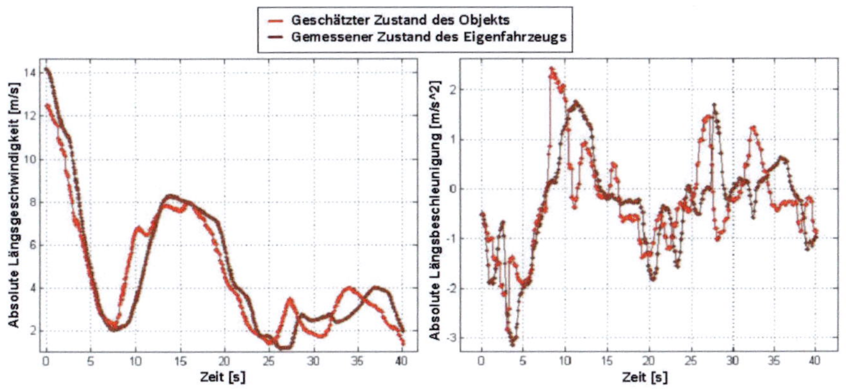

Abbildung 5.32: Geschätzte absolute Längsgeschwindigkeit und Längsbeschleunigung.

Die Varianzen der geschätzten Zustände sind in Abb. 5.33 zusammengefasst. Die dargestellten Varianzen bestätigen die hohe Genauigkeit der Objektverfolgung.

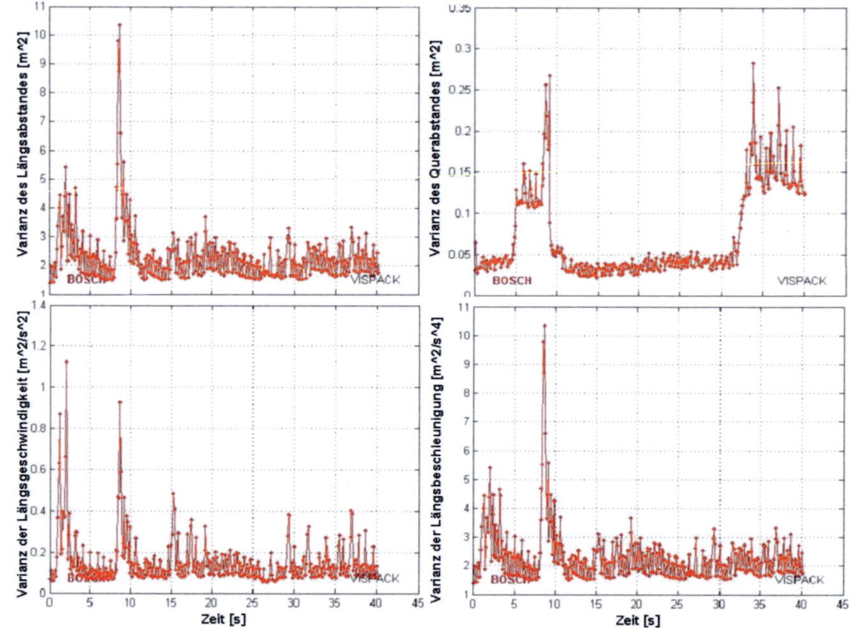

Abbildung 5.33: Varianzen der geschätzten Zustände.

6 Zusammenfassung

In dieser Arbeit wurde eine neuartige Objektverfolgung durch Fusion von Radar- und Monokameradaten auf Merkmalsebene entworfen, analysiert und in einem Versuchsfahrzeug validiert. Das vorgestellte Fusionssystem soll die hohen Anforderungen zukünftiger Fahrerassistenzsysteme hinsichtlich präziser und vollständiger Objektinformation sowie eines flächendeckenden Erfassungsbereichs, erfüllen. Dafür wurden im Rahmen dieser Arbeit neue Algorithmen, Methoden und Lösungsansätze entwickelt.

Im Kapitel 1 wurde eine Übersicht über bestehende FAS sowie dazugehörige Sensorik gegeben. Anschließend sind vorhandene Fusionssysteme vorgestellt und analysiert wurden. Abgeleitet von den Anforderungen wurde das Fusionskonzept mit dem Radar- und Monokamerasensor auf Merkmalsebene als die beste Lösung für diese Arbeit ausgewählt. Darüber hinaus wurden der Aufbau und die Schwerpunkte dieser Arbeit abgeleitet. Diese umfassen: die Entwicklung des neuen Koordinatensystems, die adaptive Modellierung der Objektdynamik, den Entwurf des neuen Fusionskonzepts auf Merkmalsebene, die Behandlung der systematischen Messfehler vom Radarsensor und die Objektklassifikation.

Grundlage für die Objektverfolgung ist das Sensorsystem. So stellt das Kapitel 2 den eingesetzten Radar- und Monokamerasensor vor. Abgeleitet von der FMCW-Technik wurde der statistische Messfehler des Radarsensors analysiert und definiert. Der Schwerpunkt der Fahrzeugerkennung mit dem Monokamerasensor liegt darin, die eindeutigen Merkmale eines Fahrzeugs in einem Bild zu definieren und diese Merkmale zu einer korrekten Aussage zu fusionieren. Es wurden zunächst die wichtigen statischen und dynamischen Merkmale eines Fahrzeugs im Bild analysiert und anschließend wurde die Dempster-Shafer Evidence-Theorie zur Informationsfusion vorgestellt. Die Dempster-Shafer Evidence-Theorie bietet eine Möglichkeit, aus vielen verschiedenen Informationsquellen die beste Aussage zu treffen. Zusätzlich betrachtet diese Theorie eine Wahrscheinlichkeit über die Plausibilität der Aussage. Ein Schwerpunkt der Arbeit ist die Modellierung des statistischen Messfehlers des Monokamerasensors. Aus einer großen Menge von Messdaten, die einer statistischen Aussage des Kamerasensors genügen, wurden lineare Modelle zur Berechnung des statistischen Messfehlers abgeleitet. Diese Modelle passen sehr gut zu den Messeigenschaften des Kamerasensors.

Ihre Funktionalität wird durch Testfahrten bestätigt.

Die zwei Grundbausteine der Objektverfolgung sind die Filter-Methodik und das Assoziationsverfahren. In Kapitel 3 wurden ihre theoretischen Grundlagen mit bekannten Lösungsansätzen erläutert.

Die Objektverfolgung im Automobilbereich unterscheidet sich von der in anderen Einsatzbereichen, wie in der Luftfahrt, vor allem durch die kritischen Einsatzbedingungen, wie z.B. hohe Dichte von Objekten und verschiedenste Infrastruktur, sowie die leistungsreduzierte Sensorik aufgrund der wirtschaftlichen und gesetzlichen Vorgaben. Um die hohen Anforderungen trotz der kritischen Einsatzbedingungen zu erfüllen, mussten für das vorgestellte Fusionssystem an vielen Stellen neue Lösungswege gefunden werden.

Eine grundlegende und herausfordernde Aufgabe für die Objektverfolgung ist die Schätzung der Objektbewegung. Dafür stehen das Koordinatensystem und die Dynamikmodelle des Systems im Fokus. Für die Auswahl des Koordinatensystems gibt es mehrere Möglichkeiten, insbesondere das polare KOS oder das kartesische KOS. Aus Sicht der Infrastruktur, vor allem der parallelen Bauweise der Straßen, ist das kartesische KOS das passende System für diese Arbeit. Der Schwerpunkt für die Festlegung des Koordinatensystems liegt in der Suche nach einem optimalen Ursprung. Da die zwei bestehenden Lösungen, das relative KOS und das globale KOS, die gestellten Anforderungen mit dem vorhandenen Ressourcen nicht erfüllen können, wurde das sog. semi-globale KOS mit einem absoluten mitbewegten Ursprung entwickelt. Das neue KOS vereint die präzise Darstellung der nicht linearen Objektbewegung des globalen KOS mit der hohen Robustheit des relativen KOS gegenüber Rechenfehlern.

Da dem System nur beschränkte Ressourcen, wie Rechenzeit und Speicherplatz, zur Verfügung stehen, müssen geeignete Dynamikmodelle gefunden werden. Sie müssen einerseits einen niedrigen Bedarf an Speicherplatz und Rechenleistung haben, andererseits sollen Sie die vielfältigen Objektbewegungen so vollständig beschreiben, dass die Anforderungen der FAS erfüllt werden. Zwei Dynamikmodelle, die hierfür eingesetzt wurden, erfüllen diese Anforderungen. Das erste Dynamikmodell ist das Linear-Modell. Dank der kurzen Zykluszeit des Fusionssystems ist das Geradeaus-Modell in der Lage, nicht lineare Objektbewegung annähend genau zu beschreiben. Da die Winkelmessung des Radarsensors mit steigendem Längsabstand ungenauer wird, braucht das System ein zweites Dynamikmodell zur Plausibilisierung der Zustandsschätzung in der Querrichtung. Dafür ist das Parallel-Modell entwickelt. Dabei wurde eine konstante Kurvenfahrt von Objekten mit dem gleichen Kurvenradius wie vom Eigenfahrzeug angenommmen worden. Das entspricht genau dem Interesse von FAS für Objekte im Fernbereich. Der andere Schwerpunkt bei der Modellierung der Objektdynamik ist die robuste Verfolgung von Objektmanövern. Aufgrund der Kenntnis, dass sich Objekte überwiegend in einem konstanten Bewegungszustand befinden, wurden zwei Dynamikmodelle mit kleinem Systemrauschen parametriert, um die Zustandsschätzung zu glätten. Wenn aber ein Objekt seinen Zustand durch ein dynamisches Manöver ändert, muss das Systemrauschen adaptiv erhöht werden, sodass die Dynamikmodelle diesem Manöver schnell folgen können. Ist das Manöver abgeschlossen und das Objekt wieder zu dem konstanten Bewegungszustand zurückgekehrt, soll das Systemrauschen wieder passend heruntergesetzt werden, damit die Zustandschätzung schnell wieder einschwingt. Diese Aufgabe wird von der neu entwickelten adaptiven Modellierung der Längs- und Querdynamik der Objekte übernommen. Die im Kapitel 5 gezeigten Ergebnisse der dynamischen Szenen bestätigen die hohe Funktionalität der Dynamikmodelle und der adaptiven Dynamikmodellierung.

In bestimmten Situationen geschehen bei dem eingesetzten Radarsensor systematische Winkelmessfehler. Die sind vor allem durch die Reflexwanderung und den Nebenkeuleneffekt verursacht. Es ist in dieser Arbeit versucht worden, diese Probleme modellbasiert zu lösen. Die mathematischen Modelle wurden durch Analyse statistisch reproduzierbarer Messdaten experimentell aufgebaut. Die dadurch gewonnenen Modelle können wiederum die Ursachen physikalisch erklären. Das ist z.B. beim Reflexwanderungsmodell der kreisförmige Stoßfänger und beim Nebenkeulenmodell die Verschiebung der Ausrichtung der Nebenkeulen.

Ein typischer Schwerpunkt von Fusionssystemen mit Radar- und Kamerasensor ist das korrekte Zusammenführen der 3D- und 2D-Welt. Die 3D-Welt ist durch das Semi-Global-KOS beschrieben. Die 2D-Welt wird durch das Kamera-KOS beschrieben. Da in einem monokularen Bild die Tiefeninformation nicht vorhanden ist, ist eine Zuordnung zwischen Gegenständen im Bild-KOS und Gegenständen im Semi-Global-KOS über die Entfernung nicht möglich. Das vorgestellte Fusionssystem ist deshalb auf einen neuen Lösungsweg ausgewichen. Die Zuordnung der Kameradaten zu den verfolgten Objekten findet direkt im Bild-KOS statt. Eine Zuordnung gelingt grundsätzlich durch eine gute Überschneidung der Kameradetektion und eines Objekts im aktuellen Bild. Eine Mehrdeutigkeit kann jedoch vorkommen, wenn mehrere Objekte im gleichen Winkel zum Kamerasensor hintereinander stehen. Die Objekte liegen in diesem Fall fast an der gleichen Stelle im Bild. Durch Analyse der Verdeckungsmöglichkeiten kann diese Mehrdeutigkeit sehr effektiv gelöst werden. In dieser Arbeit wurde deshalb ein Algorithmus zur Verdeckungsanalyse entwickelt. Es wird für die Analyse sehr hilfreich sein, wenn die Klassifikationen der Objekte vorher bekannt sind. Ein Gullydeckel kann z.B. kein Fahrzeug verdecken. Es wurde dafür im Rahmen dieser Arbeit eine Vorklassifikation der Objekte auf Basis von Radardaten entwickelt. Durch Analyse der statistischen Verteilung in Längsrichtung von Reflexen, die von einem gleichen Objekt stammen, kann eine Aussage über eine Mindestlänge des Objekts ermittelt werden. Daraus kann die Vorklassifikation dieses Objekts folgen.

Die Ergebnisse im Kapitel 5 zeigen, dass das vorgestellte Fusionssystem Objekte sowohl in statischen Szenen als auch in dynamischen Szenen robust verfolgen und plausibel klassifizieren kann. Die kritischen Verkehrssituationen, wie Stop&Go in der Innenstadt, kann das Fusionssystem ebenfalls gut meistern. Es sind dem Fusionssystem jedoch auch Grenzen gesetzt. Die hohe Genauigkeit der Schätzung vom Querabstand setzt eine gute Detektionsrate des Kamerasensors voraus. Gerade bei Nebel oder Schnee ist das Detektionsvermögen des Kamerasensors stark beeinträchtigt. Die Objektklassifikation ist in diesen Situationen allein vom Radarsensor bestimmt. Das stellt ein interessantes Thema für zukünftige Arbeiten dar. Eine Erweiterung der Objekterkennung des Kamerasensors auf Motorräder und Fußgänger kann den Nutzen des Fusionssystems für FAS erheblich steigern. Der Fußgängerschutz ist ein wichtiges Thema der Fahrerassistenzsysteme und gewinnt immer mehr Bedeutung in der Entwicklungen. Das Fusionssystem mit dem Kamerasensor kann dazu viel beitragen. Das erfordert eine Weiterentwicklung des Detektionsalgorithmus des Kamerasensors.

A Anhang

A.1 Vergleich des globalen und semi-globalen KOS

Im Folgenden wird das Beispiel zum Vergleich der Genauigkeiten des ortsfesten KOS und des SG-KOS beschrieben. Gegeben sei ein geradeaus fahrendes Objekt mit konstanter Geschwindigkeit von 20 m/s. Das Eigenfahrzeug fährt parallel zu dem Objekt mit gleicher Geschwindigkeit und verfügt über einen Radarsensor, der in der Mitte des vorderen Stoßfängers eingebaut ist. Um die Realität anzunähern, werden hier auch die Messfehler berücksichtigt. Die sind seitens des Eigenfahrzeugs die Messfehler der Eigengeschwindigkeit V_{ego} und Eigengierrate $\dot{\varphi}_{ego}$, seitens des Radarsensors sind es die Messfehler der Messgrößen d_r, v_r, θ. Das Objekt fährt konstant 100 m voraus und befindet sich 4 m entfernt auf der linken Seite des Eigenfahrzeugs. Der Ursprung des ortsfesten KOS ist genau die Positionen der Mitte der Hinterachse des Eigenfahrzeugs zum Zeitpunkt Null. Der Ursprung des SG-KOS ist die mitbewegte Mitte der Hinterachse des Eigenfahrzeugs. Die Zustandsgrößen eines Objekts im ortsfesten KOS sind hierbei die absoluten Positionen, Geschwindigkeiten und Beschleunigungen der Mitte der hinteren Kante des Objekts bezüglich des Ursprungs. Der Zustandsvektor dafür ergibt sich zu

$$
X_G = \begin{pmatrix} d_{x,G} \\ v_{x,G} \\ a_{x,G} \\ d_{y,G} \\ v_{y,G} \\ a_{y,G} \end{pmatrix},
\tag{A.1}
$$

wobei die Fußnote G für „global" steht. Die Systemmatrix des ortsfesten KOS ergibt sich nach dem Konstant-Beschleunigungs-Modell zu

$$A_G = \begin{pmatrix} 1 & T_Z & 0.5 \cdot T_Z^2 & 0 & 0 & 0 \\ 0 & 1 & T_Z & 0 & 0 & 0 \\ 0 & 0 & 1 & 0 & 0 & 0 \\ 0 & 0 & 0 & 1 & T_Z & 0.5 \cdot T_Z^2 \\ 0 & 0 & 0 & 0 & 1 & T_Z \\ 0 & 0 & 0 & 0 & 0 & 1 \end{pmatrix}, \tag{A.2}$$

wobei T_Z die Zykluszeit ist.

Die Zustandsgrößen und Systemmatrix des SG-KOS sind wie im Unterabschnitt 4.3.2 definiert.

Gegeben sei ein Sensor, z.B. ein Radarsensor, beschrieben durch Messvektor

$$Y = \begin{pmatrix} d_r \\ v_r \\ \theta \end{pmatrix}, \tag{A.3}$$

und der Kovarianz-Matrix

$$R = \begin{pmatrix} \sigma_r^2 & \sigma_{rv}^2 & 0 \\ \sigma_{vr}^2 & \sigma_v^2 & 0 \\ 0 & 0 & \sigma_\theta^2 \end{pmatrix}. \tag{A.4}$$

Die Transformation der Zustandsgrößen vom Zustandsraum in den Beobachterraum ist eine nicht-lineare Operation. Die Beobachtergleichungen der Transformation sind im ortsfesten KOS

$$\begin{aligned} d_r &= \sqrt{\hat{d}_{x,G,k|k-1}^2 + \hat{d}_{y,G,k|k-1}^2} \\ v_r &= (v_{x,G,k|k-1} - V_{ego,k} \cdot cos(\varphi_{ego,k}) + d_{y,G,k|k-1} \cdot \dot{\varphi}_{ego,k}) \cdot cos(\alpha) \\ &\quad + (v_{y,G,k|k-1} - V_{ego,k} \cdot sin(\varphi_{ego,k}) - d_{x,G,k|k-1} \cdot \dot{\varphi}_{ego,k}) \cdot sin(\alpha) \\ \theta &= atan(\frac{\hat{d}_{y,G,k|k-1}}{\hat{d}_{x,G,k|k-1}}) - \varphi_{ego,k} \end{aligned}$$

$$\tag{A.5}$$

mit

$$\begin{aligned} \hat{d}_{x,G,k|k-1} &= d_{x,G,k|k-1} - d_{x,ego,k} - L_{x,R} \\ \hat{d}_{y,G,k|k-1} &= d_{y,G,k|k-1} - d_{y,ego,k} - L_{y,R} \\ \alpha &= \theta_{k|k-1} + \varphi_{ego,k} \end{aligned} . \tag{A.6}$$

Dabei sind $L_{x,R}$ und $L_{y,R}$ die Offsets zwischen dem Radar-KOS und dem System-KOS. Die Linearisierung der nicht linearen Beobachtermatrix H

folgt nach der Jacobi-Matrix. Die Beobachtergleichungen und -matrix des SG-KOS sind analog zu denen des ortsfesten KOS abzuleiten und werden im Unterabschnitt 4.2.1 detailliert beschrieben.

Ein konstanter Messfehler von 0.5 m für die Messgröße d_r, ein konstanter Messfehler von 0.5 m/s für v_r und ein konstanter Messfehler von 0.3 Grad für θ wird eingesetzt. Für den mittleren Messfehler der Geschwindigkeit und Gierrate des Eigenfahrzeugs wird ein typischer Wert von 1 m/s (entspricht 5% der Geschwindigkeit) und 0.2 Grad/s gewählt.

Literaturverzeichnis

[Als72]   D. Alspach und H. Sorenson: „Nonlinear Bayesian Estimation Using Gaussian Sum Approximations". *IEEE Trans. on Automatic Control* **17** (4), S. 439–448, Aug. 1972.

[Aru02]   M. Arulampalam, S. Maskell, N. Gordon und T. Clapp: „A Tutorial on Particle Filters for Online Nonlinear/Non-Gaussian Bayesian Tracking". *IEEE Trans. on Signal Processing* **50** (2), S. 174–188, Feb. 2002.

[Bla99]   S. Blackman und R. Popoli: *Design and Analysis of Modern Tracking Systems.* Artech House, Sept. 1999.

[Blo88]   H. Blom und Y. Bar-Shalom: „The Interacting Multiple Model Algorithm for Systems with Markovian Switching Coefficients". *IEEE Trans. Automatic Control* **Vol. 33(8)**, S. 780–783, Aug. 1988.

[BS82]   Y. Bar-Shalom und K. Birmiwal: „Variable-Dimension Filter for Maneuvering Target Tracking". *IEEE Trans. on Aerospace and Electronic Systems* **Vol. AES-18**, S. S. 621–629, Sept. 1982.

[BS88]   Y. Bar-Shalom und T. E. Fortmann: *Tracking and Data Association.* ACADEMIC PRESS, INC., Florida, 1988.

[BS93]   Y. Bar-Shalom und X. Li: *Estimation and Tracking - Principles, Techniques, and Software.* Artech House, Sept. 1993.

[BS00]   Y. Bar-Shalom und W. Blair: *Multitarget-Multisensor Tracking - Application and Advances - Volume III.* Artech House, October 2000.

[BS02]   L. S. B. Steux, C. Laurgeau und D. Wautier: „Fade: A vehicle detection and tracking system featuring monocular color vision and radar data fusion". *in Proc. IEEE Intell. Vehicles Symp.* S. 632–639, Jun. 2002.

[BS04]   Y. Bar-Shalom, M. Mallick und H. Chen: „One-Step Solution for the Multistep Out-Of-Sequence-Measurement Problem in Tracking". *IEEE Trans. on Aerospace and Electronic Systems* **40** (1), S. 27–37, Jan. 2004.

[Bue07]   M. Buehren und B. Yang: „A Global Motion Model for Target Tracking in Automotive Applications". *in Proc. IEEE intl. Conf. On Acoustics, Speech and Signal* Apr. 2007.

[Cor91]   E. Cortina, D. Otero und C. D'Attelis: „Manuevering Target Tracking Using Extended Kalma Filter". *IEEE Trans. on Aerospace and Electronic Systems* **27** (1), S. 155–158, Jan. 1991.

[Cra03]   H. Cramer, U. Scheunert und G. Wanielik: *Multi sensor fusion for object detection using generalized feature models.* In: *In Proceedings of the Sixth International Conference on Information Fusion*, S. 2–10, 2003.

[Dem68]   A. P. Dempster: „A generalization of Bayesian inference". *Journal of the Royal Statistical Society* **30**, S. 205–247, 1968.

[Die01]   K. Dietmayer, J. Sparbert und D. Streller: „Model based classification and object tracking in traffic scenes from range-images". *in Proceedings of IEEE Intelligent Vehicles Symposium* May. 2001.

[Dua05]   Z. Duan, X. Li, C. Han und H. Zhu: *Sequential unscented Kalman filter for radar target tracking with range rate measurements.* In: *International Conference on Information Fusion*, Bd. 1, S. 130–137, Jul. 2005.

[Far85]   A. Farina und F. Studer: *Radar Data Processing*, Bd. Vols. I and II, Kap. Chaps. 4 and 6. Letchworth, Hertfordshire, England: J. Wiley and Sons and Research Studies Press, 1985.

[Fue02]   K. Fuerstenberg, K. Dietmayer, S. Eisenlauer und V. Willhoeft: „Multilayer Laserscanner for robust Object Tracking and Classification in Urban Traffic Scenes". *Proceedings of ITS 2002, 9th World Congress on Intelligent Transport Systems* Oct. 2002.

[GA07]   A. B. G. Alessandretti und P. Cerri: „Vehicle and Guard Rail Detection Using Radar and Vision Data Fusion". *IEEE Trans. Intell. Transp. Systems* **8** (1), March 2007.

[Gil05]   K. Gilholm und D. Salmond: *Spatial distribution model for tracking extended objects.* In: *IEE Proceedings of Radar, Sonar and Navigation*, Bd. 152, S. 364–371, Oct. 2005.

[Hoe06]   N. Hoever, B. Lichte und S. Lietaert: „Multi-Beam Lidar Sensor for Active Safety Applications". *SAE 2006 World Congress and Exhibition* April. 2006.

[Hof06]   C. Hoffmann und T. Dang: *Cheap Joint Probabilistic Data Association Filters in an Interacting Multiple Model Design.* In: *Proceedings of the IEEE International Conference on Multisensor Fusion and Integration for Intelligent Systems*, S. 197–202, 2006.

[Idl06]   C. Idler, R. Schweiger, D. Paulus, M. Mählisch und W. Ritter: *Realtime Vision Based Multi-Target-Tracking with Particle Filters in Automotive Applications.* In: *Intelligent Vehicle Symposium*, S. 188–193, Jun. 2006.

[Joh87]   G. Johnson und W. Bradford: „Thresholds in Combined Detection and Source Motion Estimation". *Proc. 1987 IEEE Int. Conf. on Accoustics, Speech and Signal Processing* S. 1095–1098, 1987.

[Jor02]   R. Jordan: *Objekthypothesen für Sicherheitsfunktionen auf Basis eines Radar-Sensors.* Dissertation, Universität Fridericiana Karlsruhe, Verlag Ipskamp, Delft, 2002.

[Jul95]   S. Julier, J. Uhlmann und H. Durrant-Whyte: *A New Approach for Filtering Nonlinear Systems.* In: *Proceedings of the American Control Conference*, S. 1628–1632, 1995.

[Jul00]   S. Julier, J. Uhlmann und H. Durrant-Whyte: „A New Method for the Nonlinear Transformation of Means and Covariances in Filters and Estimators". *IEEE Trans. on Automatic Control* **45** (3), S. 477–482, March 2000.

[Jul02]   S. Julier: *The Scaled Unscented Transformation.* In: *Proceedings of the American Control Conference*, Bd. 6, S. 4555–4559, May 2002.

[Kae04]   N. Kaempchen und K. Dietmayer: „IMM Object Tracking for High Dynamic Driving Maneuvers". *IEEE Intelligent Vehicles Symposium* Jun. 2004.

[Kal60]   E. Kalman: „A New Approach to Linear Filtering and Prediction Problems". *Transactions of the ASME - Journal of Basic Engineering 82* S. S. 35–45, 1960.

[KW04]   N. K. K. Weiss und A. Kirchner: „Multiple-Model Tracking for the Detection of Lane Change Maneuvers". *IEEE Intelligent Vehicles Symposium* Jun. 2004.

[Liu08]   F. Liu, J. Sparbert und C. Stiller: *IMMPDA vehicle tracking system using asynchronous sensor fusion of radar and vision*. In: *IEEE Intelligent Vehicles Symposoum*, S. 168–173, Jun. 2008.

[Mah06]   M. Mahlisch, R. Hering, W. Ritter und K. Dietmayer: „Heterogeneous Fusion of Video, LIDAR and ESP Data for Automotive ACC Vehicle Tracking". *Multisensor Fusion and Integration for Intelligent Systems, 2006 IEEE International Conference on* S. 139–144, Sept. 2006.

[Mau05]   M. Maurer und C. Stiller: *Fahrer-Assistenzsysteme mit maschineller Wahrnehmung: Technologien, Anwendungen, Trends und Potentiale*. Springer Verlag, Berlin, Jan. 2005.

[May96]   S. Mayback, A. Worrall und G. Sullivan: „Filter for Car Tracking Based on Acceleration and Steering Angle". *Proc. of Britisch Maschine Vision Conference* S. 615–624, 1996.

[Nor98]   J. Norris: *Markov Chains (Cambrige Series in Statistical and Probabilistic Mathematics)*. Cambridge University Press, Cambridge, Jul. 198.

[Rei79]   D. Reid: „An Algorithm for Tracking Multiple Targets". *IEEE Trans. Automatic Control* **AC-24**, S. 843–854, December 1979.

[Sha76]   G. Shafer: *A mathematical theory of evidence*. Princeton University Press, 1976.

[Sim05]   S. Simon, W. Niehsen, A. Klotz und B. Lucas: „Videobasierte Objekt-Detektion und Verifikation von Radar-Objekt-Hypothesen für Komfort- und Sicherheitsfunktionen". *in Workshop Fahrerassistenzsysteme FAS 2005* Apr. 2005.

[Sol04]   A. Sole, O. Mano, G. Stein, H. Kumon, Y. Tamatsu und A. Shashua: „Solid or not solid: Vision for radar target validation". *in Proc. IEEE intell. Vehicles Symp.* S. 819–824, Jun 2004.

[Spi06]   M. Spies und H. Spies: „Automobile Lidar Sensorik: Stand, Trends und zukünftige Herausforderungen". *Advances in Radio Science - Kleinheubacher Berichte* **4**, S. 99–104, 2006.

[Ste03]   G. Stein, O. Mano und A. Shashua: „Vision-based ACC with a Single Camera: Bounds on Range and Range Rate Accuracy". *in Proc. IEEE Intell. Vehicles Symp.* S. 120–125, Jun. 2003.

[Str01]   D. Streller, K. Dietmayer und J. Sparbert: *Object Tracking in Traffic Scenes with Multi-Hypothesis Approach using Laser Range Images.* In: *International Conference on Intelligent Transportation Systems*, Oct. 2001.

[Str02]   D. Streller, K. Fürstenberg und K. Dietmayer: *Vehicle and Object Models for Robust Tracking in Traffic Scenes using Laser Range Images.* In: *International Conference on Intelligent Transportation Systems*, S. 118–123, Sept. 2002.

[vdM00]   R. van der Merwe, A. Doucet, N. Freitas und E. Wan: *The Unscented Particle Filter.* Techn. Ber., Engineering Department, Cambridge University, Aug. 2000.

[Ver04]   J. Vermak, N. Ikoma und S. Godsill: *Extended Object Tracking using Particle Techniques.* In: *IEEE Proceedings of Aerospace Conference*, Bd. 3, S. 1876–1885, Mar. 2004.

[Ver05]   J. Vermaak, S. Godsill und P. Perez: „Monte Carlo filtering for mulit target tracking and data association". *IEEE Trans. on Aerospace and Electronic Systems* **41** (1), S. 309–1332, Jan. 2005.

[Wel95]   G. Welch und G. Bishop: *An Introduction to the Kalman Filter.* Techn. Ber., Department of Computer Science, University of North Carolina at Chapel Hill, 1995.

[Win02]   H. Winner, K. Winter, B. Lucas und H. Mayer: *Adaptive Fahrgeschwindigkeitsregelung ACC.* Robert Bosch GmbH, April 2002.

[YBS05]   T. K. Y. Bar-Shalom und X. Lin: „Probabilistic Data Association Techniques for Target Tracking with Applications to Sonar, Radar and EO Sensors". *IEEE Aerospace and Electronic Systems Magazine* **20** (8), S. 37–56, August 2005.

[ZD03]   C. H. Zhansheng Duan und H. Dang: „An Adaptive Kalman Filter with Dynamic Rescaling of Process Noise". *Information Fusion* 2003.